LE CAFÉ,
C'EST PAS SORCIER

著：セバスチャン・ラシヌー／チュング-レング トラン
絵：ヤニス・ヴァルツィコス
訳：河 清美

コーヒーは楽しい！

絵で読むコーヒー教本

PIE International

目次

7　コーヒーを語る

8　　あなたのコーヒー習慣は？
14　　どこでコーヒーを飲む？
16　　コーヒーは何科の植物？
20　　コーヒー用語集
22　　コーヒーは体に悪いのか？

25　コーヒーを淹れる

26　　コーヒー豆を挽く
39　　エスプレッソコーヒー
68　　ミルク、コーヒーとラテアート
77　　フィルターコーヒー
107　アイスコーヒー

111　コーヒーを焙煎する

112　焙煎
118　ブレンドか、シングルオリジンか？
120　ラベルの読み方
124　カッピング
128　脱カフェイン処理

131　コーヒーを栽培する

132　コーヒーの栽培
142　コーヒーの精製方式
146　生豆の脱穀、選別、梱包
148　コーヒー生産国

CHAPITRE 1 第 1 章

LES MISCELLANÉES DU CAFÉ
コーヒーを語る

あなたのコーヒー習慣は？

思春期の終わりに、初めてコーヒーを飲んで、思わずしかめ面をした経験があるだろう。その後、コーヒー好きになる確率は大いにある。毎日コーヒーを飲むことが習慣になっている人も少なくないはずだ。あなたとコーヒーの関係はどんなものだろう？

「あひる*」から連想するものは？

- ☐ 子供のころ、コーヒーが角砂糖に染まっていくのを夢中になって眺めたこと
- ☐ 温かい角砂糖が舌の上で甘く溶けていく感覚
- ☐ 大人の世界を早く知りたかった幼少期
- ☐ カップの底に残った砂糖の塊
- ☐ ドナルド

*フランス語で「あひる」という語には、コーヒーに浸した角砂糖という意味もある。

1日に何杯のコーヒーを飲む？

- ☐ 0 ── 1週間に1杯程度
- ☐ 1-2 ── 何でも適量が一番
- ☐ 2-3 ── これ以上は飲まない
- ☐ 3-4 ── 時々…。でも実際にはよくあるかも
- ☐ >5 ── そう、多すぎる。減らさないと

1日の最初の一杯はいつ飲む？

- ☐ 起床してすぐ／シャワーの前
- ☐ シャワーの後
- ☐ 朝食時にカフェオレ1杯
- ☐ 出社後
- ☐ 昼食後

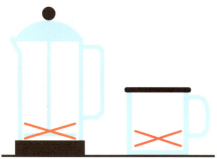

コーヒーが切れている！

- ☐ 最寄りのカフェに急いで行って、カウンターでエスプレッソコーヒーを注文する
- ☐ コーヒーを求めて、必要とあらば街中を探し回る
- ☐ 我慢はできるが、不機嫌になる
- ☐ 代わりに紅茶を飲むので問題なし

あなたはどのタイプ？

☐ **コーヒー依存症**：一定量を飲まないと何も手に付かない。

☐ **本物にこだわるコーヒー・スノッブ**：グランクリュの味を一度知ってしまったら、もう後戻りできない。

☐ **カフェオレボウルに入れたコーヒー、クロワッサン、新聞で1日を始めたいロマンチスト**：陽の光のあたるテラスがあれば文句なし。

☐ 会社の同僚との噂話、もとい、コーヒーブレークが好き。

☐ いつでもテイクアウト派。

☐ 「家にコーヒーを飲みにおいでよ」が決まり文句。

☐ **コーヒーがメインではない人**：コーヒーを飲むのは、板チョコレートを一緒にほおばれるから。

☐ **慎重派**：夜はカフェインレスコーヒー（デカフェ）しか飲まない。

コーヒーの好みは人それぞれ

一口にコーヒーと言っても、いろんなヴァリエーションがある。あなたの好みはどれ？

エスプレッソ
コーヒーの味そのものが好きで、一気に美味しく味わいたい。

ダブルエスプレッソ
一杯では全然足りないハードワーカーのためのコーヒー。

カフェモカ
コーヒーの味はあまり好きではないけれど、刺激は欲しいという人に。エスプレッソ、ミルク、チョコの組み合わせが絶妙。

ラテ
なかなか決められない人のための無難なコーヒー。

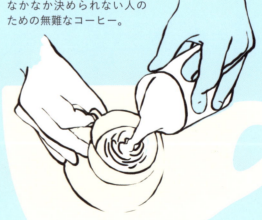

カプチーノ
泡立てたミルクのリッチな味わいが楽しめるマイルドコーヒー。油断すると白い泡の髭がついて、恥ずかしい思いをすることになるので要注意。

マキアート
エスプレッソに泡立てたミルクを少し落としたコーヒー。泡の髭を付けたくない人のために。

アイスコーヒー
コーヒーもストローもどちらも同じくらい好きな人のための斬新なコーヒー。

フラプチーノ
コーヒーだけでもアイスクリームだけでもダメな人のためのハッピーなドリンク。

アメリカーノ
濡れた靴下を絞ったような味と言ったのは誰？ 美味しいアメリカーノは、日々の生活にシンプルな喜びをもたらしてくれる。

コーヒーを語る | 11

世界中で親しまれているコーヒー

コーヒーの飲み方は人それぞれだが、それだけではなく、国によっても異なる。主なコーヒー消費国の習慣を見てみよう。

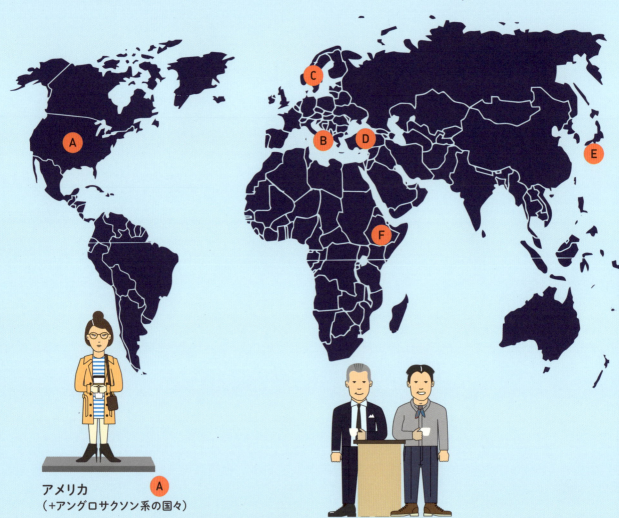

アメリカ（＋アングロサクソン系の国々） A

ミルク入りが主流。アメリカ人の間では「ラテ」という名で親しまれていて、テイクアウトする習慣がある。ファーストフード店では一杯分の値段でおかわり自由となっていて（ボトムレス・カップ・オブ・コーヒー）、フィルターコーヒーをマグに注いでくれる。ただし、このタイプのコーヒーは多くの場合、あまり美味しくない（並程度のコーヒー豆を使用していて、コーヒーメーカーで長時間保温しているせいで、煮詰まっている）。

イタリア B

エスプレッソ王国。カウンターで少量の濃いコーヒーを一気に飲む。午前11時頃、コラジオーネ（朝食と昼食の間の小休憩）の時間に、イタリア人は小さなお菓子（ブリオッシュなど）と一緒にエスプレッソを飲む。家ではモカポット（直火型エスプレッソ・メーカー）で淹れるモカ・イタリアンが定番。フィルターコーヒーを飲む習慣はない。

C スカンジナビア諸国（ノルウェー、スウェーデンなど）

コーヒー消費量が世界で最も多い地域で、フィルターコーヒーが主流。ノルウェーでは19世紀、多くの家庭で蒸留酒が作られていた。アルコールの消費を減らすために、教会がより安全な飲み物としてコーヒーを推奨することにした。自家蒸留酒が禁止されてから、コーヒーを飲む風習がしっかりと根付いていった。

D トルコ

トルコ・コーヒー（ギリシャではギリシャ・コーヒーと呼ばれている）はすでに16世紀、オスマン帝国時代に存在していた。ジェズヴェ（長い木の柄が付いた銅または真鍮製の小鍋）の中に、小麦粉状に細かく挽いたコーヒーの粉を入れ、水から煮立てて抽出する。かつては、粉の沈殿物が混ざらないように、上澄みだけをイブリックというポットに移し変えていた。現在は、イブリックもジェズヴェと同じように使われていて、煮立てたコーヒーは、粉と一緒にカップに注がれる。チョク・シェケルリ（砂糖たっぷり）、アズ・シェケルリ（砂糖少し）、オルタ（普通）、サーデ（無糖）というように、甘さを調節できる。飲み終わった後は、カップをソーサーに裏返し、カップの内側にできた粉の模様で未来を占うのが古くからの習わし。このコーヒーは、談話やゲームをしながら、水パイプを吸いながら味わうもので、人々の憩いの時間に欠かせない。トルコだけでなく、バルカン半島、中近東、北アフリカでも飲まれている。

E 日本

お茶の国（消費国、生産国として）というイメージが強いが、日本人はコーヒー党でもあり、18世紀頃から独自の珈琲文化を築いてきた。世界で最も高価な特級豆を大量に買い付けている国でもある。円錐形のV60などのドリッパー、あるいはサイフォンで淹れたマイルドなコーヒーを好む。

F エチオピア

伝統的に、コーヒーを淹れるのは女性の役目。まず生豆をフライパンで炒って、すり鉢に入れて挽き、ジェベナというテラコッタ製のポットでコーヒーを抽出する。持ち手のない小さなカップに注ぎ、ポップコーンを添える。これがこの国の作法である。

「ギャルソン」の由来は？

フランスのカフェのウェイターは、「ギャルソン」（男の子という意味）と呼ばれるが、この表現は、フランス最古のカフェで、今も健在の「ル・プロコープ」で生まれた。17世紀にパリで開業した頃、コーヒーを客に運ぶのを手伝っていた店主の子供たちが、「プティ・ギャルソン」、「ギャルソン」と呼ばれていたことに由来する。

どこでコーヒーを飲む？

2000年代に入ってからアメリカ由来のサード・ウェーブ系カフェが世界的に流行している。ブラッスリースタイルのカフェしかなかったフランスにもその波は押し寄せ、サード・ウェーブ系のコーヒーショップが次々と誕生している。

コーヒーショップ

コーヒーを味わうには最高の場所。客層はデジタルツールが手放せない若者が多く、家と職場の中間にある第三の居場所として通っている。コーヒーのスペシャリストであるバリスタが一杯ずつ、丁寧に淹れてくれる。キャロットケーキなどのアングロサクソン風のお菓子や、フィナンシェなどの焼き菓子もあり、イートインもテイクアウトもできる。さらには、自宅用のコーヒー豆を買うこともできる。

カフェ（ブラッスリー、ビストロ）

カウンターで、神聖なる「プティ・ノワール」（エスプレッソ）をきゅっとひっかける場所だが、コーヒーだけを出しているわけではない。フランスでは、ビストロ、カフェは村、街、通りの中心にあり、地元の住民はそこでワイン、アルコール、ソフトドリンク、コーヒーを飲み、ランチやディナー、デザートを食べる。ウェイターである「ギャルソン」は、カウンター、テーブル席、テラス席に「プティ・ノワール」を運ぶ。コーヒーの料金はテーブル席よりもカウンターのほうが安い。

コーヒーは何科の植物？

コーヒー豆について語る前に、植物学を少し予習してみよう。ロブスタ種の特徴とは？

コーヒーノキ（コーヒーの木）

世界全体のコーヒー生産量の約99％を占めるのが、アラビカ種（アラビアが語源）とカネフォーラ種（またはロブスタ種）の2種である。どちらもアカネ科コフィア属（約70種）に属する。リベリカ種、エクセルサ種も西アフリカやアジアで栽培されているが、とても希少で、世界の生産量の2％にも満たない（主に現地で消費されている）。

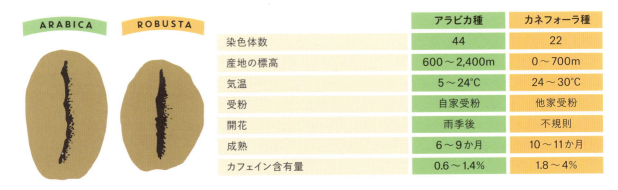

科	属	種	品種
アカネ	コフィア	アラビカ	ティピカ
			ブルボン
		カネフォーラ	ロブスタ

アラビカ vs ロブスタ

	アラビカ種	カネフォーラ種
染色体数	44	22
産地の標高	600〜2,400m	0〜700m
気温	5〜24℃	24〜30℃
受粉	自家受粉	他家受粉
開花	雨季後	不規則
成熟	6〜9か月	10〜11か月
カフェイン含有量	0.6〜1.4%	1.8〜4%

ロブスタ？　あんまりぱっとしないね…

ロブスタはコフィア・カネフォーラを代表する品種で、世界的に生産、販売されている。アロマ成分は弱く、安価で大量生産しやすいというのが強みである。カフェインを多く含む。インスタントコーヒーや、イタリア、ポルトガルのエスプレッソのブレンド、自動販売機のコーヒーに使用されることが多い。

品種、交配種、突然変異種

コーヒーの多彩な品種については、P.138〜139を参照。

コーヒー豆の取引

原料としてのコーヒー豆は、世界市場で様々な形式で取引されている。

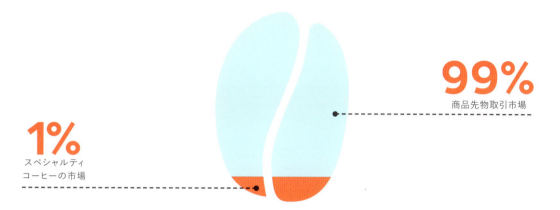

1%
スペシャルティ
コーヒーの市場

99%
商品先物取引市場

スペシャルティコーヒーの市場

世界のコーヒー総生産量のうち、スペシャルティコーヒーが占める割合はわずか1%ほどである。80/100スコア以上の評価を得た特別なコーヒーで、その価格は先物取引所の値付けではなく、品質と希少性によって決まる。新しい取引方法がグローバルに展開されている。スペシャルティコーヒーの世界では、栽培者はテロワールの特性に合わせて品種を選び、多様な品種を栽培している。焙煎職人は生豆のロースト・プロファイル（焙煎の設定条件）を進化させている。バリスタはコーヒーを淹れる技に磨きをかけている。まだまだ少数派ではあるが、この市場はコーヒーの新しい生産法、消費法を提案している。コーヒーは刺激を得るための生活必需品から、ワインのように複雑で洗練された嗜好品と見なされるようになった。コーヒーはただ飲むものではなく、味わうものだ。

コモディティコーヒーの市場

一次産品の取引市場と言えるだろう。アラビカ種はニューヨーク、ロブスタ種はロンドンの先物取引所で扱われている。需要と供給の関係だけではなく、様々な市場関係者（トレーダーやヘッジファンド）の投機的な動きによっても大きく変動する取引価格は、重さ1ポンド（453.59g）当たりの米ドル価格で値付けされる。コーヒーの品質も生産コストも考慮されないため、生産者が生計を立てられなくなるという問題も起きている。この流れを食い止めるために、倫理的な調達など、生産者に然るべき収入を保証するイニシアティブが実践されている。

倫理的な調達

1988年、オランダの「マックスハベラー」団体によって発足。小規模農家に公正な売買価格を保証することを目的としている。市場価格が下落しても、フェアトレード認証が生産者の安定した生活を支えるために、最低価格を保証する。市場価格がこの最低価格を上回る場合、1ポンド当たり0.05ドルの上乗せが保証される。

倫理的な調達の原則

3つの基準に基づいて活動している。
- 持続可能な最低価格の保証（最低取引量の設定はない）
- 環境への配慮（オーガニック推奨。遺伝子組み換え作物の禁止）
- 地域社会貢献（生産者組合への設備投資）

フェアトレード認証の限度

- 農家単独では認証を得られない。生産者組合として取得する。
- フェアトレード認証は本来、小規模農家のために発足したものであるが、倫理的な調達の取り組みがスーパーマーケットでも導入されたため、大量の需要に対応するために、大きな農園に協力せざるを得ない。
- コーヒーの品質を保証するラベルではない。

コーヒーを語る | 17

コーヒーに関わる職業

一杯のコーヒーを味わえるまでの道のりは長い。生豆から琥珀色の液体になるまで、長い時間をかけて、様々な工程を経なければならない。

生産者

コーヒーの木は、農家によって栽培されている。生産者は、日々土に触れて生活している人たちだ。収穫時期が来ると、コーヒーチェリーを摘み、精製して生豆を取り出す。

生豆のバイヤー

生豆を求めて世界中を飛び回り、買い付けの交渉をする。その後、焙煎業者に卸す。麻袋に入った生豆を、焙煎される消費国へ輸送するまでを保証する。

焙煎職人

全ての香気成分を開花させるためには、生豆を熱しながら攪拌しなければいけない。焙煎工房では、職人が生豆の種類に合わせて、ロースト・プロファイル（焙煎の設定条件）を調整する。現代ではその役割は進化して、自ら生産国を訪ね、生豆を厳選する職人も多い。

バリスタ

コーヒーの長い旅の終点。バリスタはただの「カフェのギャルソン」ではない。コーヒーに精通したプロフェッショナルであり、客の好みに合わせて、巧みな技で焙煎豆を琥珀色の飲み物に変身させる。品種や風味の違い、淹れ方（エスプレッソ、ドリップコーヒーなど）についてもアドバイスをしてくれる頼もしい存在。焙煎豆も販売している。

コーヒーを語る | 19

コーヒー用語集

コーヒーの世界をもっと知るために、覚えておくと役立つ用語を集めてみた。

グランクリュ
香りと味わいが素晴らしいと高く評価されている特別な品種。そのポテンシャルを引き出す方法を知ろう。

粉の粒度
コーヒー豆の挽き目。粉の大きさ。

ラテアート
カプチーノなどの表面に泡立てたミルクで模様を描くテクニック。

豆を挽く
焙煎した豆を「ミル」で粉砕し、粉状にすること。

バリスタ
コーヒー豆を香ばしい一杯に仕上げるスペシャリスト。コーヒーショップで会える!

ブレンド
複数の産地(地域、国…)の豆を配合したもの。

生豆の投入量
1回に焙煎する生豆の量。

コーヒーチェリー
コーヒー豆となる1〜2粒の種子を内包する果実。

ローストはコーヒーの生豆を高温で焙煎する作業。「**ロースター**」は焙煎職人、焙煎機の両方を指す。

抽出器具
ライトからストロングまで、様々なタイプのコーヒーを抽出するための道具。

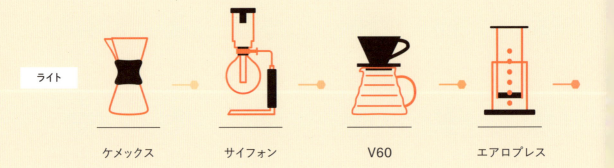

ライト → ケメックス → サイフォン → V60 → エアロプレス

バスケット
エスプレッソマシンのフィルター。

1ショット
エスプレッソ1杯分の量。これを一気に飲む。

ケトル
英語で「やかん」のこと。ただし、コーヒーの世界では、注ぎ口が白鳥の首のように細長い特別なドリップポットのことを指す。フィルターコーヒーを淹れるのに欠かせない。

大気圧／浸透圧抽出
エスプレッソコーヒーのように高圧をかけて一気に抽出しないコーヒー抽出法の総称。

カッピング
コーヒーの品質を評価するテイスティングの国際標準法。

エスプレッソマシンの設定
エスプレッソコーヒーを美味しく淹れる鍵となる、様々なパラメーターを調整すること。

臼歯
コーヒーミル内に設置されている、焙煎豆を粉砕するための道具。

タンパー
エスプレッソマシンのバスケットに、コーヒーの粉を押し込んで平らにならす（タンピング）ための道具。

焙煎時、ポップコーンのようにパチパチと豆の弾ける音がする。これを**ハゼ**という。

コーヒーの色が澄んでいることを「**クリーン**」と表現する。

コーヒーの粉
挽いて粉状にした焙煎豆。

フレンチプレス　モカポット　エスプレッソマシン　イブリック　ストロング

コーヒーを語る | 21

コーヒーは体に悪いのか？

コーヒーについてはいろんな話を聞くが、よい噂ばかりではない。ためになる情報か、不安をあおる情報か？　ここでは、確かな筋から得た情報を紹介する。

カフェインとテイン
まったく同一の成分であるが、テインという語が長く習慣的に用いられてきたため、多くの人が２つを別の成分だと思い込んでいる。

コーヒーは胃酸の分泌を促し、消化を助ける。

コーヒーは利尿と便通を促す作用がある！

何でも適量が大事。飲み過ぎに注意しよう！コーヒーはドラッグか？　厳密にいえば違う。ただし、コーヒーを大量に飲む人（1日にカフェイン400mg以上）が一旦飲むのをやめると、イライラする禁断症状、頭痛、一時的な疲労感が起こり、症状が消えるまで3〜5日かかる。

カフェインは摂取してから5分後に脳に達する。その効果が半減するのは3〜5時間後である。

コーヒーには一部の疾患の予防効果があると言われている。パーキンソン病の発症を抑える。認知症の記憶の一時的欠如を改善する。ポリフェノール（抗酸化作用）は、2型糖尿病に有効である。さらに、60もの研究で、様々な癌（膀胱、喉頭、大腸、食道、皮膚、肝臓、乳房）を予防する働きがあることが確認されている。

カフェインを飲むと興奮する！
カフェインは刺激、興奮作用があり、注意力を高め、脈拍数を上げる効果がある。認知機能が高まり、疲労感が和らぎ、物事に反応する時間が早くなる。

フィルターコーヒーはエスプレッソコーヒーよりもカフェインの量が多い。
エスプレッソコーヒー1杯：
47〜75mg
フィルターコーヒー1杯：
75〜200mg

コーヒーを飲み過ぎると（カフェイン400mg以上／日）、あるいは就寝前に飲むと、なかなか寝付けない、さらには不眠症になることがある。また、カフェインの過度な摂取は、動悸や不安を引き起こすこともある。

カフェインは脂肪をエネルギーとして使いやすくして、運動能力、特に耐久力を向上させる。この効果のために、2004年まで世界アンチ・ドーピング規程の禁止物質に挙げられていたほどである。

コーヒーを飲むと歯が黄色くなりやすいが、カフェインとポリフェノール（フェノール化合物）には虫歯予防効果がある。

What else?

コーヒーを語る　23

CHAPITRE 2 第2章

FAIRE UN CAFÉ
コーヒーを淹れる

コーヒー豆を挽く

フィルターコーヒーでもエスプレッソコーヒーでも、一杯のコーヒーを淹れるためには、コーヒーの粉が必要だ。ご存知の通り、コーヒーミルは焙煎した豆を細かく挽いて粉状にするための道具である。ただ、意外と知られていないのが、豆の品質と抽出法に合わせて、粉の大きさを変えられるミルがあるということである。そのため、良質なミルは、完璧な一杯を求める人にとっては、決して無視できないアイテムなのである。

コーヒーミルにこだわるべき？

焙煎のプロが、淹れ方に合わせて挽き具合を調整してくれるのだから、家庭用のミルをわざわざ購入しなくても、と思われるかもしれない。入門者であっても、かなりの通であっても、ミルにお金をかけるべき理由が2つある。一つ確かなことは、真のエスプレッソ・ファンはミルを一度使ったら、なかなか手放せなくなるということだ。フィルターコーヒーを飲む人は、ミルがなくてもそれほど問題はないかもしれない。いずれにしても、ミルは格別な一杯を約束してくれる。

粒度：豆を挽いた後の粉の大きさ

1. 毎日、挽き立ての香りと味が楽しめる。

あらかじめ挽いた豆は日持ちが良くない。豆から粉に挽くことで、豆に含まれる天然の防腐剤であるCO_2が放出され、芳香豊かなコーヒーオイルや他の香り成分が大気に触れて酸化が進む。このため、エスプレッソ用の場合、豆のままの状態であれば開封後、数日間保存できるのだが、粉の状態だと数時間で香りと味が落ちてしまう。

2. 豆の挽き具合を自分で変えることができる。

豆の挽き目（粒度）は、コーヒーの抽出方法や、他の条件に合わせて調整すべき基本の要素だ。エスプレッソの抽出時間、コーヒーのバランスは、温度と湿度に左右される。そのため、バリスタは1日に何度も粉の粒度を調節している。あらかじめ、一定の粒度で挽いた粉の購入をおすすめできない理由はここにある。

淹れ方に合わせて、豆を挽く。

コーヒーにはいろいろな抽出法があり、それぞれに適した豆の挽き方がある。粉の大きさによって、香り成分の抽出の速度が変わってくる。粉が細かければ細かいほど、水との接触面積が広くなり、コーヒー成分の溶解が速くなる。エスプレッソコーヒーは、瞬間的(30秒以下)に抽出しなければいけないため、極細に挽いた粉を使用する。一方で、湯に粉を4分間浸してから抽出するフレンチプレスの場合は、カップに残る沈澱物や苦味を少なくするために、粗めの粉を使用する。

それぞれの抽出法に適した挽き具合

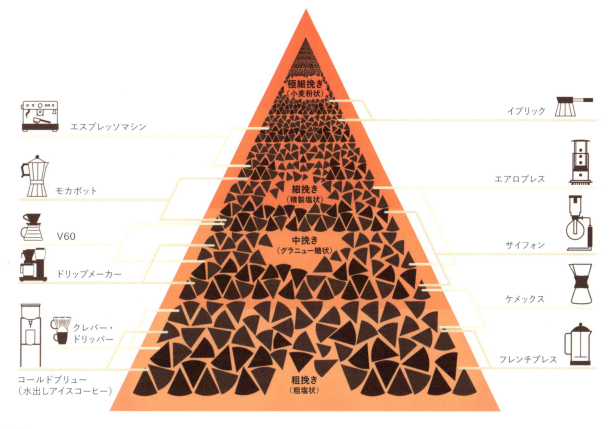

- エスプレッソマシン
- モカポット
- V60
- ドリップメーカー
- クレバー・ドリッパー
- コールドブリュー(水出しアイスコーヒー)
- 極細挽き(小麦粉状)
- 細挽き(精製塩状)
- 中挽き(グラニュー糖状)
- 粗挽き(粗塩状)
- イブリック
- エアロプレス
- サイフォン
- ケメックス
- フレンチプレス

それぞれの抽出器具に適した粒度を示す時に、単に「中挽き」ではなく、「中〜粗挽き」のように幅を持たせるのはなぜ?

豆を挽く時には、他の条件も考慮しなければならないからだ。
- コーヒー豆の特徴(品種、質量、焙煎度)
- 必要な分量(g数が多くなるにつれて、より粗く挽く必要がある)
- 焙煎後の日数(時間が経つと新鮮味は失われるが、まろやかさが出てくる)。
- 気候(湿度が高い時は、粗めに挽いたほうが良い)

コーヒーミル（コーヒーグラインダー）

シンプルな手挽きミルから最新型の電動グラインダーまで、多種多様であるが、その基本のメカニズムは同じである。固定歯と回転歯の間を豆が通過する時に、細かく粉砕する仕組みだ。歯と歯の隙間が狭いと挽き目が細かくなり、広いと粗くなる。

何十年もの間、家庭の必需品であった手挽きミルは、蚤の市やコレクターが扱う品となってしまったようだ…。今日では、コーヒー通の間で重宝されている。

コーヒーショップのチェーン店で販売されていたが、今はいろんな所で買い求めることができる。

カフェやレストランで、エスプレッソ用として昔から使用されているモデル。

手挽きミル

 用途
● 家庭用／旅行用

 挽き目
● フィルターコーヒーに適している。

 長所
● ヴィンテージものでも最新モデルでも、デザインが魅力的。摩耗しにくいセラミック製の臼歯を使用。
● コンパクトで場所を取らず、持ち運びができて、価格も手頃。電気がなくても動く。

 短所
● 力がいる！
● 挽き目（粉の大きさ）があまり均一ではない。

比較的安価

家庭用グラインダー

 用途
● 家庭用

 挽き目
● モデルによっては十分に細かく挽ける。

 長所
● 小型
● リーズナブル

 短所
● 遅い

手頃な価格

エスプレッソグラインダー（ドサー付）

 用途
● 業務用または家庭用

 挽き目
● 極細

 長所
● 極細挽きが可能。
● ドサー（挽いた粉を一時的に溜めておくスペース）で粉が攪拌されるので、ダマができにくい。

 短所
● ドサーに挽き溜めた粉が劣化しやすい。

やや高価

ドイツのメーカー、Mahlkönig®社が発明した「ドサー」グラインダーは、豆を必要な分量（1〜2杯分）だけ挽き、粉を直接、フィルターホルダーに送る。

コーヒー豆を買う時に、挽き具合を自分で選びたい顧客のニーズに応えるグラインダー。

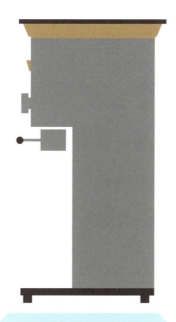

挽き目の調節方法

１．**ダイヤルによる段階調節**：ダイヤル数が多ければ多いほど、挽き目の微調節が可能になる。

２．「**ステップレス**」と呼ばれる**無段階調節**：挽き目をより精密に調節できる。エスプレッソ用に最適。

エスプレッソグラインダー
（ドサーなし）

 用途
● 業務用または家庭用

 挽き目
● 極細。いつでも挽き立て。

 長所
● コーヒーを淹れる直前に挽くので、粉が劣化しない。
● 極細挽きが可能。

 短所
● ダマができやすい。

高価

業務用グラインダー

 用途
● 業務用

 挽き目
● 均一でないこともある。

 長所
● 容量が大きいので、短時間で大量の豆を挽くことができる。

 短所
● 粒度の微調節が難しい。

大変高価

プロペラ式ミルとは？

肉や野菜を刻むフードプロセッサーと同じ方式で粉砕する。回転時間が長ければ長いほど、粉が細かくなる。価格は手頃だが、粉の大きさが不揃いになるという欠点がある。バランスの取れたコーヒーを望むのであれば、使わないほうがよい。

上級者編

臼歯（刃）の種類

臼式ミルをグラインダーと呼ぶ（プロペラ式ミキサーは別物）。臼歯（刃）には2種類ある。フラットタイプとコニカルタイプだ。

形状

フラットカッター
円型平板状の臼歯で挽く粉は、粒の大きさが比較的揃っていて、中に微粉がほとんど残らないという利点がある。

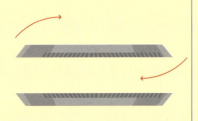

コニカルカッター
安価な家庭用によく使用されている。回転速度が遅いため、業務用になると強力なモーターと歯車装置が必要となり、逆に価格が跳ね上がる。

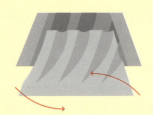

 このタイプは、家庭用、業務用に使用されるが、コーヒーを挽く量が少なく（1日に3kg以下）、1日を通して適度に挽く用途に適している。

 円錐状のこのタイプは、コーヒーを挽く量が多く（1日に3kg以上）、頻度が1日のある時間帯に集中する店に適している。連続して使用する時に、その力を発揮する。

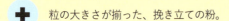 粒の大きさが揃った、挽き立ての粉。

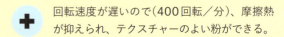 回転速度が遅いので（400回転／分）、摩擦熱が抑えられ、テクスチャーのよい粉ができる。

 回転速度が速く（1500回転／分）、挽く頻度が多すぎると、摩擦熱が生じて、油分を含む塊（ダマ）ができやすくなり、アロマが揮発してしまうリスクがある。

 臼歯の奥に微粉が多く残る。数分間動かさないだけで、挽き立ての香りと味が損なわれる可能性がある。

グラインダーの寿命

時間が経つと、歯（刃）がすり減ってくる。挽く時間が前よりも長くなっている、摩擦熱で粉がダマになっている、コーヒーの質が落ちている（エスプレッソのクレマが少ない、香りが弱いなど）という症状が見られるようになったら、消耗している印だ。より簡単に説明すると、家庭では20年に1度でよいかもしれないが、コーヒーショップでは毎年買い替える。

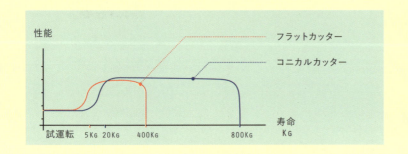

材質

セラミック製

丈夫ではあるが、コーヒー豆の中に混在している砂利などの異物に弱く、欠けやすい。

鋼＋チタン製

壊れにくく、長持ち。

コーヒーミルのお手入れ

ミルは使い続けると、コーヒーの油やかすでどうしても汚れてくるため、コーヒーの味を変質させないために、各部位を清潔に保つことが大切だ。

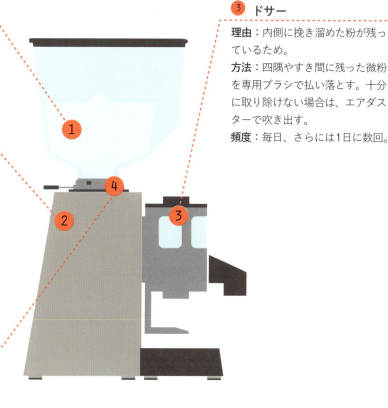

① ホッパー
方法：スポンジ＋食器用洗剤
頻度：豆の油脂とシルバースキン（銀皮）のかすが内側に付着してきた時。

② ボディ
方法：洗剤を少し付けたスポンジ＋マイクロファイバークロス。
頻度：毎日

③ ドサー
理由：内側に挽き溜めた粉が残っているため。
方法：四隅やすき間に残った微粉を専用ブラシで払い落とす。十分に取り除けない場合は、エアダスターで吹き出す。
頻度：毎日、さらには1日に数回。

④ チャンバー（粉砕室）
理由：チャンバー内と臼歯（刃）の部分に粉と油脂が残り、酸敗するため。
方法：チャンバー入口と出口：エアダスターで微粉を吹き出す。隅々まで掃除したい場合には、2つ方法がある。
● 上の固定歯を取り外して、内部まで手が届くようにする。有効な方法だが、説明書があっても手間がかかる。
● 掃除用の顆粒をホッパーに入れて、コーヒー豆と同じように粉砕する。油脂を吸収しながら、微粉を取り除くことができる。特殊な中性物質でできているが、掃除直後に入れた最初の豆は使用できない。

方法1：臼歯（刃）を解体する。

方法2：掃除用の顆粒を粉砕する。

頻度：粉砕量25kgにつき1回。豆の焙煎度に合わせて変える。

水！

水は2つの化学元素、つまり水素と酸素（H_2O）から成るが、この純粋な形で存在することはない。我々のもとへ届くまでの長い旅の間に、ミネラルや微量元素が混ざり、それらの化学特性がコーヒーの味に影響する。そのため、一定の基準を満たした水が必要となる。

どの抽出法であっても、水に求められる条件は、コーヒーの香気成分を、余計な匂いや味を加えずに抽出できる水質であるということだ。
水の占める割合はエスプレッソコーヒーで約88%、フィルターコーヒーで約98%。ただし、水といっても、その質は全て同じというわけではない。

88%／水

98%／水

コーヒーの相手役に選ばれるための条件

基本的に無味無臭である。
水の味は、ミネラルや微量元素の含有量、塩素の量（水道水の場合）によって変わる。美味しいコーヒーを淹れるためには、余計な匂いのない、新鮮できれいな水が必要だ。

コーヒーのアロマを引き出すことができる。
水に含まれるミネラルは、水を180℃まで沸かして蒸発、乾固させたら、残留物として残る。ミネラルと他の微量元素は水の味だけでなく、香気成分の抽出力にも影響する。アメリカスペシャルティコーヒー協会（SCAA）によって行われたテイスティングテストによると、蒸発残留物が150mg/l前後であるとバランスのよいコーヒーに仕上がる。

軟水すぎでも硬水すぎでもない。
コーヒーを淹れるときには、特に一時硬度（KH）が3～5°dHの水が適している。ただし、永久硬度は一時硬度よりも低い数値であるべきだ。これは石灰分の沈着を防ぎ、コーヒーの美味しさを引き立てるミネラルのバランスを確保するためである。水の硬度が高すぎると、エスプレッソマシン、コーヒーメーカー、ケトルなどに石灰分がこびりつく。反対に水の硬度が低すぎると、KHがpH値の変動を調整する力がなくなり、マシンの部品が腐食するリスクがある。

簡単なまとめ

硬水すぎると石灰分がマシン内部に溜まる。
軟水すぎるとマシンのボイラーに穴があく。
どちらかというと、石灰分が溜まるほうがまだましかもしれない。

化学の教室

前頁の説明はわかりにくかっただろうか？ 水の硬度とpHについてもう少し詳しく解説してみよう。

水の硬度とは？

鍋で水を沸騰させると、一時硬度（KH）が消えて、鍋の内部に白い沈殿物、いわゆる石灰分が付着する。炭酸水素塩の形で溶け込んでいるカルシウムとマグネシウムが、加熱により炭酸塩となったものだ。一方、沸騰後も水中に残る永久硬度は、硫酸カルシウム（石膏の主成分）、硫酸マグネシウムの濃度にほぼ相当する。一時硬度と永久硬度を合計したものが総硬度（GH）である。水道局が提示する情報は一般的にこのGHである。

総硬度（GH）＝ 一時硬度（KH）＋永久硬度
硬度単位：ドイツ硬度（°dH）

硫酸カルシウムはマシンの管にたまらず流れる。マシンには問題ではないが、水の味に影響する。

総硬度（GH）＝永久硬度＋一時硬度（KH）
硫酸塩は沸騰後も水中に溶けたままである。

炭酸塩（石灰分）は沸騰後、鍋の内部に沈着する白い固形物。

pH値とは？

pH値（溶液中の水素イオンの濃度指数）は、「酸性・中性・アルカリ性」の3種類に分けられる。「0〜14」の数値の範囲内で示される。
- pH値＜7：酸性
- pH値＞7：アルカリ性
- pH値＝7：中性

水に含まれるミネラル量はpH値に影響する。ミネラルを多く含む水はpH値が高く、軟水になればなるほど酸性になる。

マシンの腐食を防ぐためには、pH値が6.5以下の水を使うべきではない。

水質をチェックしてみよう！

水槽用の試験紙で、水質（KH、pH値）をチェックすることができる。エスプレッソマシンのメーカーのなかには、水の硬度を自分で測ることができるキットを販売しているところもある。

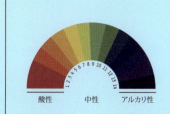

水の選び方

コーヒーの淹れ方に合わせて水を選ぶだけで、美味しさに違いが出る。

ボトル入りの飲料水

天然水、ミネラルウォーターを使うことは、経済的でもなければ、環境によいわけでもないが、コーヒーの抽出法に適した水質のものを選べるというメリットがある。エスプレッソマシンの場合、水の硬度とpH値に注意すべきである。浸透圧式の抽出法の場合は、(電気式のコーヒーメーカー以外は)マシンのトラブルを気にする必要はなく、コーヒーの風味への影響を考えて水を選ぶとよい。

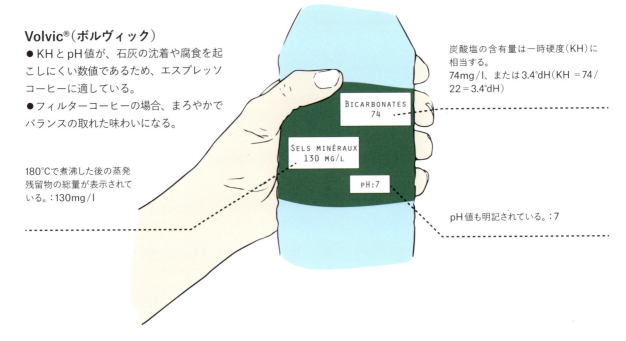

Volvic®（ボルヴィック）
- KHとpH値が、石灰の沈着や腐食を起こしにくい数値であるため、エスプレッソコーヒーに適している。
- フィルターコーヒーの場合、まろやかでバランスの取れた味わいになる。

180℃で煮沸した後の蒸発残留物の総量が表示されている。：130mg/l

炭酸塩の含有量は一時硬度(KH)に相当する。
74mg/l、または3.4°dH(KH＝74/22＝3.4°dH)

pH値も明記されている。：7

Montcalm®（モンカルム）
- ミネラル含有量が少なく、pH値はやや酸性。
- フィルターコーヒーの場合、ボルヴィックよりも酸味が際立つ、すっきりした、なめらかな口当たりになる。

エスプレッソマシンにはNG。

ミネラルウォーター vs 天然水

この2つの呼称は規制されている。どちらも化学処理を行わない、地下水源から汲み上げた飲料水である。ミネラルウォーターは特別な性質(治療効果など)を持つ天然水であり、その組成は時間が経過しても安定している。ただし、フランスの法規によると、ミネラルウォーターは必ずしも天然水よりもミネラルを多く含んでいるわけではない。

浄水器でろ過した水道水

水道水を使う場合には、浄水処理が必要ない特定の地域に住んでいない限り、水質をよくするためにフィルターでろ過する必要がある。

水道水のKHが3〜5°dHである場合
シンプルな活性炭フィルターでも、塩素などの不快な匂いをかなり取り除くことができる。

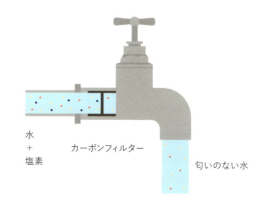

水道水のKHが5°dH以上の場合
石灰分（あるいは一部の地域では硫酸カルシウム）を減らすことのできる、イオン交換樹脂の備わった高度なフィルターカートリッジを使う。

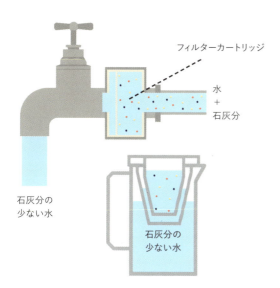
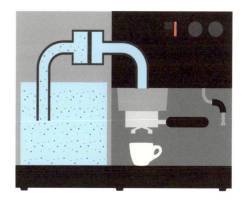

エスプレッソマシンの給水タンクにカートリッジを直接取り付けるタイプと、ポット型浄水器がある。

エスプレッソマシンや電気式コーヒーメーカーを使う場合は、腐食や材質の溶解を防ぐために、フィルターでろ過した水道水のpH値が6.5以下にならないように気を付ける。

コーヒーの淹れ方に合わせて、カップを選ぼう

コーヒーを楽しむための器の種類は実に豊富で、カウンター、テーブル席、テイクアウトなど、それぞれのシチュエーションに合ったものを選ぶことができる。カップ、グラス、マグなど、器によってコーヒーの味わいが絶妙に変わる。

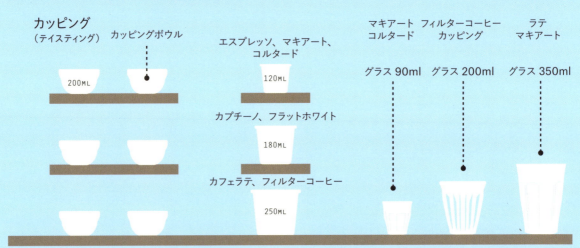
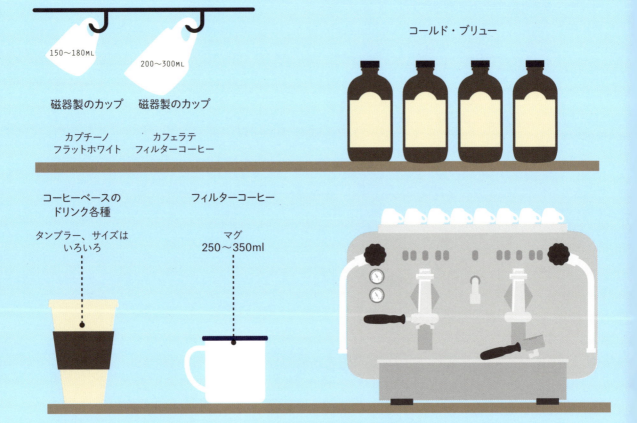

エスプレッソカップ

エスプレッソを味わうには、磁器製のカップが最適だが、アロマを十分に引き出すためにクリアすべき条件がいくつかある。

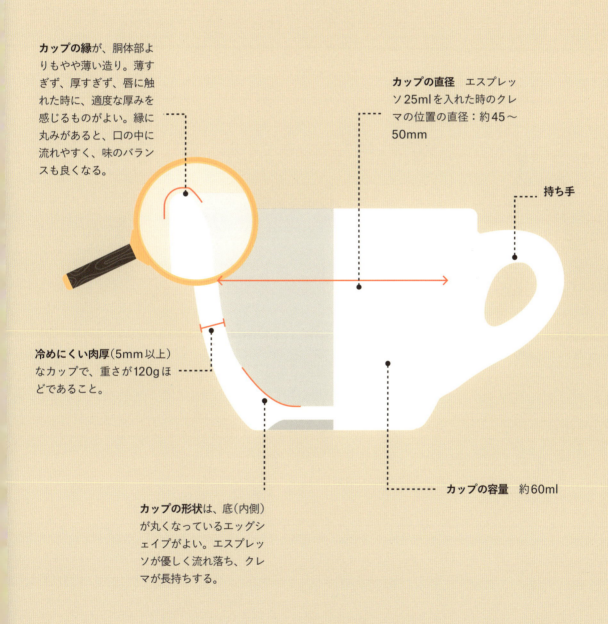

カップの縁が、胴体部よりもやや薄い造り。薄すぎず、厚すぎず、唇に触れた時に、適度な厚みを感じるものがよい。縁に丸みがあると、口の中に流れやすく、味のバランスも良くなる。

カップの直径 エスプレッソ25mlを入れた時のクレマの位置の直径：約45〜50mm

持ち手

冷めにくい肉厚（5mm以上）なカップで、重さが120gほどであること。

カップの形状は、底（内側）が丸くなっているエッグシェイプがよい。エスプレッソが優しく流れ落ち、クレマが長持ちする。

カップの容量 約60ml

コーヒーを淹れる | 37

エスプレッソコーヒー

高い圧力を利用して、コーヒーの香り成分を抽出する。

少量を瞬時に

エスプレッソはカップに直接抽出するショートコーヒー（15〜60ml）である。他の抽出法とは違い、高い圧力をかけて湯を瞬時（20〜30秒）に通すというダイナミックな方法で、コーヒーオイルと他の香り成分を抽出する。

小さいけれど強力

エスプレッソの表面は、イタリア語で「クレマ」と呼ばれる泡で覆われる。このクレマは、コーヒーの微粉、水、コーヒーオイル、二酸化炭素（CO_2）でできている。強く刺激的な味わいで、ボディがしっかりしている。平均して、エスプレッソはフィルターコーヒーよりも10倍濃い。

コーヒーを淹れる | 39

ショートコーヒーの長い歴史

現代も人気のあるエスプレッソの抽出法は、1820年にルイ・ベルナール・ラボーというフランス人によって考案された。その後、エスプレッソはイタリア人によって普及、洗練されていった。

| 1820 | 1855 | 1884 |

深煎りしたコーヒー豆を細く挽いた粉に熱湯を通すために、蒸気圧を使うという発想は、ルイ・ベルナール・ラボーによるものである。

この発想は、これもフランス人のエドゥアール・ロワゼル・ド・サンテによって実用化された。彼は1855年のパリ万国博覧会で、大量のコーヒー、紅茶、さらにはビールを短時間で供給できる、静水圧式パーコレーターを披露した。

1884年のトリノ博覧会で、イタリア人実業家のアンジェロ・モリオンドが「コーヒーを経済的に、瞬間的に抽出する蒸気圧機械」を出品し、銅メダルを受賞。エクスプレッソ、あるいはエスプレッソマシンとはまだ呼ばれていなかったが、ホテルやレストラン用に、何台か生産された。

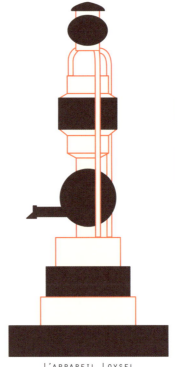

L'APPAREIL LOYSEL

よい抽出方法の伝授

エスプレッソの水準を向上させ、確立したのは確かにイタリア人であるが、この名高い飲み物の歴史がフランスで始まったことは、あまり知られていない。同じ1855年のパリ万国博覧会で、古代ローマ人がフランスにもたらしたワインの品評会が行われ、ボルドーワイン62のクリュが格付けされたというのは、何とも不思議な偶然だ。

用語説明

パーコレーターは、「〜を通って浸透する」、「濾過する」という意味のラテン語、「percolare」(ペルコラレ)から来た英語の動詞、「percolate」(パーコレート)から名付けられた。静水圧式は、抽出の圧力を水柱の重量から得る(10メートルごとに1気圧)仕組みを示している。

40 | Faire un café

EXPRESSO?　ESPRESSO?

「expresso」（エクスプレッソ）という語は、「高速」という意味の「express」（エクスプレス）から来ている。ヨーロッパの一部の国またはフランス語圏以外の国では、その変異体である、「espresso」（エスプレッソ）が用いられている。この語は、おそらく、イタリア語で「圧力によって」を意味する「pressione」（プレッショーネ）に由来する。
現在では、約60ml（フランス風にいうと、カップの2/3量）のエスプレッソに「expresso」、より少ない30mlのエスプレッソに「espresso」を用いる傾向がある。イタリア式の飲み方が広まってきたため、「espresso」という語が、フランスで日常的に使われるようになってきている。

1901

イタリア人のルイジ・ベゼラによる「ティーポ・ジガンテ」、デジデリオ・パヴォーニによる姉妹機種、「イデアーレ」が登場した年。どちらも世界初のフィルターホルダー付きエスプレッソマシンで、一杯ずつ抽出できる造りになっている。

1947

イタリア人のアキーレ・ガジアがばねを伸び縮みさせて高圧をかけるレバー付きのエスプレッソマシンを発明し、蒸気圧が1.5から9気圧に上がり、それまでは圧力不足で存在しなかったクレマができるようになった。

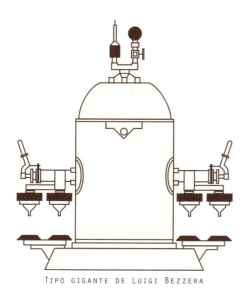

Tipo gigante de Luigi Bezzera

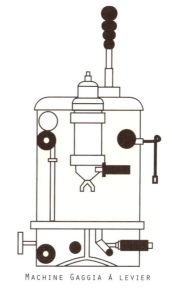

Machine Gaggia à levier

短時間で淹れて、一気に飲むためのエスプレッソ

エスプレッソは、時間を稼ぐという目的のために考え出された。実際に、ルイジ・ベゼラがティーポ・ジガンテを開発したのは、従業員の休憩時間を短縮することが狙いだった！　さっと注文し、さっと淹れて、さっと飲む。「エスプレッソは淹れ立てを数秒で飲むもの」、というのが決まり文句になっている。

コーヒーを淹れる | 41

エスプレッソの味わい方

エスプレッソを評価することは、まずは十分に味わって、ワインの時と同様に、香りを嗅いだ時に、舌の反応や、口の中に広がるアロマ、余韻に集中した時に感じる印象を言葉にすることである。さあ、感覚を研ぎ澄まして、味わってみよう！

作法

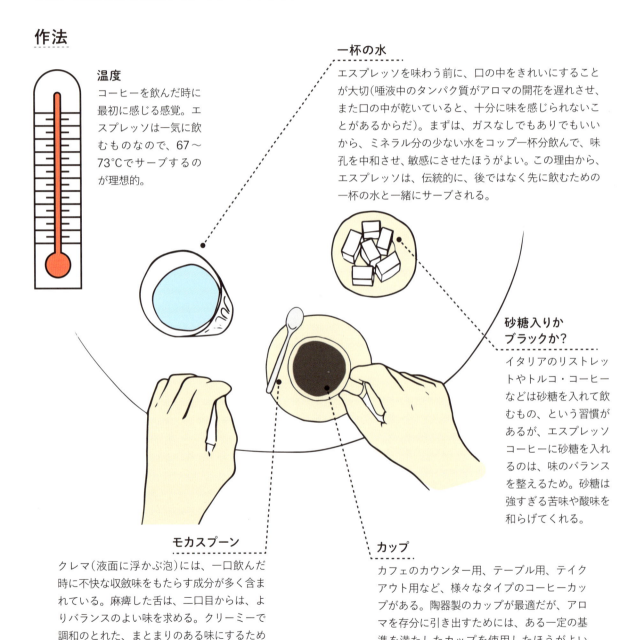

温度
コーヒーを飲んだ時に最初に感じる感覚。エスプレッソは一気に飲むものなので、67〜73℃でサーブするのが理想的。

一杯の水
エスプレッソを味わう前に、口の中をきれいにすることが大切（唾液中のタンパク質がアロマの開花を遅らせ、また口の中が乾いていると、十分に味を感じられないことがあるからだ）。まずは、ガスなしでもありでもいいから、ミネラル分の少ない水をコップ一杯分飲んで、味孔を中和させ、敏感にさせたほうがよい。この理由から、エスプレッソは、伝統的に、後ではなく先に飲むための一杯の水と一緒にサーブされる。

砂糖入りかブラックか？
イタリアのリストレットやトルコ・コーヒーなどは砂糖を入れて飲むもの、という習慣があるが、エスプレッソコーヒーに砂糖を入れるのは、味のバランスを整えるため。砂糖は強すぎる苦味や酸味を和らげてくれる。

モカスプーン
クレマ（液面に浮かぶ泡）には、一口飲んだ時に不快な収斂味をもたらす成分が多く含まれている。麻痺した舌は、二口目からは、よりバランスのよい味を求める。クリーミーで調和のとれた、まとまりのある味にするために、スプーンで液体と泡を混ぜてから飲む。

カップ
カフェのカウンター用、テーブル用、テイクアウト用など、様々なタイプのコーヒーカップがある。陶器製のカップが最適だが、アロマを存分に引き出すためには、ある一定の基準を満たしたカップを使用したほうがよい（P.37参照）。

感覚：視覚と嗅覚

クレマ（液面に浮かぶ泡）

クレマはエスプレッソの外観を評価する唯一のポイントである。その色、厚み、縞模様はコーヒーの質全体を見極めるには十分ではないが、コーヒー豆の新鮮さや焙煎具合を知るよい目安となる。コーヒーの淹れ方に問題はないのに、クレマが非常に（あまりに）薄く、液面全体を覆いつくすことなく、数分で消えてしまう場合、十中八九、コーヒー豆の焙煎が不十分であるか、鮮度に問題があるかのどちらである。クレマはエスプレッソの要となる存在ではないが、よいエスプレッソにはきれいなクレマができる。

明るい色のクレマは素晴らしいエスプレッソであることを示している。

赤味がかった光沢のある**縞模様**の陰には、バランスの悪い味が隠れている。

まばらなクレマは、コーヒー豆に問題（焙煎具合、鮮度）があったことを示している。

ネ／LE NEZ（鼻先で感じる香り）

ワインと同様に、コーヒーも香りを表現する。立ち昇る香りは、ナッツ系（落花生、ヘーゼルナッツ…）、スパイシー（アニス、シナモン…）、フルーティー（赤い果実、桃…）、フローラル（ジャスミン、バラ）などの心地よい香りのノートを感じさせてくれるはず。樹木、煙、煙草などの香りのノートは、どちらかというとネガティブに評価されることが多い。

*鼻先から嗅ぐ香りを「アロマ」、口に含んで、鼻に抜けるときの香りを「フレーバー」としている文献もあるが、本書では、鼻から嗅ぐ香りを「ネ」、喉の奥から鼻に抜ける香りを「アロマ」、香り、味、触感などの総合的な印象を「フレーバー」と表現している。なお、「ネ」とはフランス語で「鼻」の意味で、フランスでは一流の調香師のことを、敬意を表して「ネ」と称する。

アロマ／LES ARÔMES（喉の奥から鼻に抜ける香り）

ネが鼻先で感知されるものであるとしたら、アロマはアタックからフィニッシュまで、喉の奥から鼻に抜ける時に感じられる。ネと同様、揮発性分子によって運ばれるアロマはフルーティー、スパイシー、フローラルという特徴がある。ただし、ネとアロマは必ずしも同じ香りというわけではない。特に、スペシャルティコーヒーに秘められたアロマは、味覚の体験を豊かにし、口内から鼻に抜ける時、最高のグランクリュの複雑な芳香を感じさせてくれる。

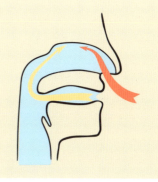

エスプレッソの味わい方

ボディ

ボディはコーヒーの質感、濃度に相当する。粘性はエスプレッソの重要な特徴で、フィルターコーヒーよりも10倍高い。高圧をかけることで、コーヒーの油分が乳化するため、まったりとした口当たりになる。
エスプレッソのボディには、大きく分けて次の2タイプがある。
コクのある、粘りがある、クリーミーな、とろみのある、濃厚なエスプレッソ。
水っぽい、さらさらした、薄いエスプレッソ。

> コーヒーのテクスチャーとは、口の中に広がる触感であり、三叉神経によって脳に伝えられる。

コクのある濃厚なエスプレッソ

さらっとした薄いエスプレッソ

収斂性（渋味）

エスプレッソから感じることがある最も不快な感覚の一つ。口の中がざらつき、乾くような感覚が、苦味と酸味によってさらに強まり、しびれるような感じがする。

味

非揮発性分子が味孔にもたらす基本の五味のうち、コーヒーから顕著に感じられるのは酸味、甘み、苦味である。
（コーヒーの味については次頁参照）

VOIR PAGE SUIVANTE
TOUS LES GOÛTS DU CAFÉ

コーヒーの風味について

コーヒーを飲んだ時に感じる様々な味、特に酸味と苦味を区別するためのミニ解説。
それぞれの味の特徴を代表する食材を、イラストで表してみた。

苦味

人が生まれつき苦味を嫌うのは、往々にして苦い天然の毒から身を守るために先祖から伝授された護身術なのかもしれない。それに、コーヒーの苦味も、天然の殺虫成分であるカフェインと、ビタミンB3の誘導体であるアルカロイドの一種、トリゴネリンによるものだ。

グレープフルーツ

チコリ

酸味

口に含んだらすぐに感じる味。一口に酸味と言ってもいろいろな種類がある。
また、酸味の感じ方は、味わう時の酸味と唾液の割合が関係するため、人によっても異なる。

ライム

クエン酸
標高の高い場所で栽培された豆によく表れる。摘み立ての印でもある。

キナ酸
収斂味をもたらす。クロロゲン酸類の分解で生成される酸で、深煎りの段階まで弱まらない珍しい酸のひとつだ。

シュウェップス

リンゴ

リンゴ酸
東アフリカ（ブルンジ、ルワンダ）産の一部の豆に特有の酸味。また、収穫が早すぎたことを示す目安でもある。

コーラ

リン酸
他の酸とは違い、無機酸である。ケニアの品種、SL28、SL34に顕著に表れる。

ヴィネガー

酢酸
強すぎると、不快な酸っぱさになる。キナ酸と同様、深煎りの段階まで持続する。

甘み

砂糖を入れるとまろやかになり、酸味が和らぐ。

塩味は？

モンスーン気候の地で育った、ごく一部のコーヒー豆のみに含まれる（P.177参照）

バランスのよいエスプレッソとは、酸味と苦味が絶妙に調和しているものを言う。

フランスでは、コーヒーは苦い飲み物と見なされてきた。時が経つにつれて、エスプレッソの苦味は弱まり、フルーティーな香りと風味をもたらす酸味が強まるようになった。酸味は爽やかな風味を引き立て、味覚を刺激し、芳香と余韻を持続させる。酸味は刺激が強すぎなければ良好な特性である。砂糖と同様に、苦味は酸味を中和する役目を果たす。一見すると相反するこの2つの味は、調和の取れた、つまり酸味が少し効いたエスプレッソには欠かせない要素である。

テイスティング

「美味しい」という感覚は文化や個人によって異なり、主観的なものである。「喜び」と直結している感覚でもある。何の欠点もないエスプレッソでも、感激がほとんどなく、味気ないこともある。テイスティングのルールや決まりごとよりも一番大切なことは、喜びを感じることである。

味わい

エスプレッソのテイスティングは三段階、アタック、ミドル、フィニッシュに分かれる。
それぞれの段階で特に際立つ風味が異なることがある。例えば、アタックでは酸味が強く、ミドルはバランスがよく、フィニッシュは少し苦味を感じる、などのように。理想的には、「後味」、「余韻」とも呼ばれるフィニッシュは、味よりも香りが強く出るほうがよい。
香りと味わいの特性はコーヒーによって異なる(曲線は上昇、下降、直線など様々だ)。

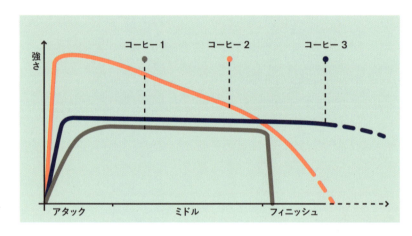

- **コーヒー1**：徐々に強くなり、急下降する。余韻はほとんどない。
- **コーヒー2**：アタックは力強く、ミドルからフィニッシュにかけて徐々に下降する。
- **コーヒー3**：ほぼ「直線」。全ての段階においてほぼ安定していて、余韻が長く、数分続く。

コーヒーのフレーバー

コーヒーから感じ取り、分析、特定した印象を総合したものがフレーバーである。全体的な印象がうまく調和していれば、そのエスプレッソはバランスがよいと言うことができる。

 美味しいエスプレッソの特徴

複雑な：	多様な香味が絶妙に調和している。
クリーンな：	雑味がない(すっきりした)。
まろやかな：	心地よい甘みと香りが感じられる。
甘美な：	甘みと優しい酸味が感じられる。
まったりとした：	厚みのある滑らかな質感。
バランスのよい：	調和の取れた風味で、ほのかな酸味が感じられる。

 不味いエスプレッソの特徴

酸っぱい：	不快な酸味(酢酸)
渋い：	口の中がざらざらして、収斂するような感覚
樹木の匂い：	エスプレッソの場合、ネガティブな感覚。「生豆の保管状態が悪かった」、「ロースト・プロファイルが不適切だった」、などが原因で起こる。
酸敗臭：	「深煎りにしすぎた豆の保管状態が悪かった」、あるいは「保管期間があまりに長かった」ことが原因で起こる異臭。
苦い：	強すぎる苦味は欠点と見なされる。
オールドクロップ：	鮮度に欠け、酸敗臭、樹木、麻袋のような匂いがする(P.140参照)。

Faire un café

テイスティングノートの例

銘柄：	El Salvador Finca La Fany（エルサルバドル産）
品種：	レッドブルボン
精製方式：	ウォッシュド、天日干し
焙煎日：	2016/04/14
賞味日：	2016/04/30

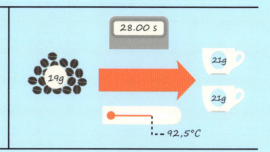

LE NEZ / ネ（鼻先で感じる香り）

ポジティブ	✓ ナッツ		柑橘類
		ベリー		植物
		トロピカルフルーツ		花
		核果類		スパイス
ネガティブ		スモーク		樹木
		草		焦げ臭

ノート： アーモンド

LES ARÔMES / アロマ（口の奥から鼻に抜ける香り）

ポジティブ	✓ ナッツ		柑橘類
	✓ ベリー		植物
		トロピカルフルーツ		花
		核果類		スパイス
ネガティブ		スモーク		樹木
		草		焦げ臭

ノート： カシス、ヘーゼルナッツ

クレマ

味わい

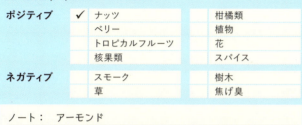

ボディ
1　　2　　3　　4　　5 （×は2.5付近）

クリア度
1　　2　　3　　4　　5 （×は3.5付近）

バランス
1　　2　　3　　4　　5 （×は2）

余韻
1　　2　　3　　4　　5 （×は4）

フレーバー、総合的な印象

溌剌とした爽やかな酸味とメリハリのある

味わい。十分にクリーミー。

心地よい余韻が長く続く。

ややアンバランス。

舌を楽しませる、

好ましいエスプレッソコーヒー。

コーヒーを淹れる | 47

エスプレッソマシン

種類

家庭用エスプレッソマシン

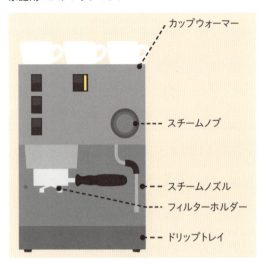

業務用エスプレッソマシン

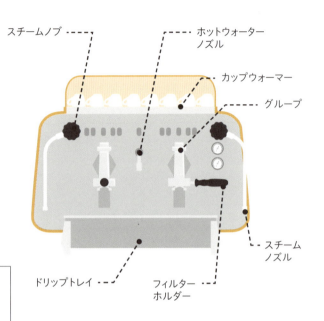

ブルブルブル…

家庭用モデルはバイブレーションポンプを使っているため、残念ながら、かなりの振動と音がする。でもプラス面もある。音がうるさいのは玉にキズだが、手頃な価格でコンパクトなモデルが出てきたことで、家庭でも手軽に使えるようになったことは大きな進歩だ。

フィルターバスケットとホルダー

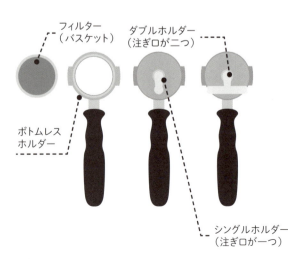

一つ穴のフィルターバスケットでよいクレマはできる？

一般家庭向けのシンプルな構造のエスプレッソマシンには、標準のメッシュタイプの代わりに、抽出穴が一つしかあいていないバスケットが付いていることが多い。このバスケットのポイントは、コーヒーグラインダーを買って、理想的な圧力と完璧なクレマを得るために、コーヒー豆の挽き目を細かく調節する必要がないということなのだが、人工的な圧力がかかるため、コーヒーの自然な抽出速度がわからなくなってしまう。その結果、コーヒーの挽き目に関係なくクレマの泡はできるのだが、その泡は粗く、味わいも真のエスプレッソファンを満足させるものにならない。

モデル

最も普及しているタイプで、電気ポンプ式とも呼ばれている。1961年、カルロ・エルネスト・バレンテなる人物が、FAEMA®（ファエマ社）のために、E61モデルを開発した。（1961年に起きた皆既日食（Eclipse）にちなんだ名称）。FAEMA®社はこの40年間で、エスプレッソマシンのスタンダードを築き上げた。

レバーピストン式は、電気ポンプ式の元祖とも言える。今もイタリア南部で広く使われている。

トラディショナルマシン　　　やや高価

仕組み：内蔵されているポンプで湯に圧力をかけてコーヒーを抽出する。

 用途：業務用／家庭用

長所：多機能性。良質なコーヒーができる。

短所：美味しい一杯に仕上げるために、まず、エスプレッソの抽出の仕組みを理解する必要がある。

レバーピストン式マシン　　　やや高価

仕組み：圧力を作るために自転車の空気入れの原理を応用。バリスタがレバーにかけた力がピストンに伝わる（バネあり／なし）。

 用途：業務用／家庭用

長所：デザイン性が高い。味わい深いリストレットができる。（電気ポンプがないので）音が静か。手動だからワクワクする。

短所：扱いにくい。ロングタイプのエスプレッソには適さない。

トラディショナルマシンとカプセル式マシンの折衷型。一台でいろんなバリエーションのコーヒーを楽しめる。

エスプレッソを手軽に、早く、日常的に楽しみたい消費者のために開発されたモデル。忙しいレストランでも重宝がられている。

全自動マシン　　　大変高価

仕組み：グラインダー内蔵タイプで、様々なメニューがプログラムされている。好みのメニューのボタンを押すだけでよい。

 用途：家庭用／オフィス用

長所：（複雑なメニューがあるにもかかわらず）操作が簡単。グラインダー付きなので挽き立ての豆で抽出できる。

短所：コーヒーのクォリティーは完璧とはいえない（ボディが弱い。香りが十分に開かない…）。トラディショナルモデルのように抽出が安定しない。マシン本体が高い。

カプセル式マシン　　　手頃な価格

仕組み：一定量の粉が入ったカプセルをマシンに入れ、好みのメニューを選んで抽出する。

 用途：家庭用

長所：使いやすい。安定した味わい。マシン本体の価格はリーズナブル。

短所：コーヒーの種類が限られる。一杯あたりのコストが高い。ありきたりの味。湯量以外はアレンジできない。環境に優しくない。

エスプレッソマシンを選ぶ

いろんなモデルが存在するので、どれを選んだらよいか本当に迷ってしまう。まずは、1日に淹れるコーヒーの量を基準にして的を絞るとよい。以下ご参考まで。

ベーカリーから大きなレストランまで

フィルターホルダーをはめる場所は、グループ（抽出口）と呼ばれている。ボイラーとフィルターホルダーをつなぐ結合部と言ってもいい。コーヒーの抽出量と頻度に応じて、1個または複数のグループが装備されたマシンを選ぶ。家庭用モデルはモノグループが多く、業務用モデルは4グループまでのものが一般的で、それ以上の場合は特注品となる。

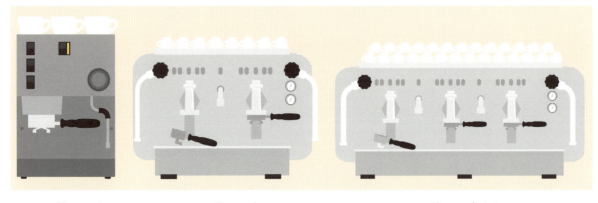

モノグループ	2グループ	3グループ以上
コーヒー1kg以下／日	コーヒー1〜7kg／日	コーヒー7kg以上／日
ショップ内のコーヒーコーナー ベーカリー	コーヒーショップ、小さなレストラン	ブラッスリー、大きなレストラン

何を選んだらいいかわからない人へのおすすめ：「プロシューマー」モデル

「プロ仕様」モデルは、1日中連続して使用される状況に耐える、高品質で丈夫な部品で構成されている。2000年以降、性能のよいマシンを自宅に置いておきたいエスプレッソファンたちが、中古の「モノグループ」の業務用マシンを買い求めるようになった。この新たなニーズに応えるべく、多くのメーカーが「プロシューマー」（「プロフェッショナル」と「コンシューマー」を掛け合わせた造語）と呼ばれる家庭用セミプロ仕様のマシンを開発するようになった。自宅で使える小型のマシンに、プロ級の技術と部品を組み込んだ優れものである。

自分の使い方に合ったマシンを選ぼう

ラテアートオタクのヴァネッサの場合

自宅でラテアートをするほどのコーヒーファン。ヒートエクスチェンジャーの付いた、セミプロ（プロシューマー）レベルのモノグループモデルを購入。スチーム力が安定しているので、カプチーノを何杯も続けて作り、泡沫のアートに夢中になれる。

テロワール（産地）にこだわるジョゼフの場合

テロワールによって香りと味わいが異なるコーヒーの多様性に惹かれた彼は、シングルボイラーのモノグループモデルを愛用している。特別な畑で栽培されたコーヒー豆の繊細なニュアンス、複雑な香味を十分に引き出すことができるので、機能的には申し分ない。ミルク入りのコーヒーが好きなわけではなく、時々、友人のためにミルクを泡立てるだけなので、スチームを自由に使えなくても問題ない。

ロンドンでバリスタをしているヴィタリの場合

ロンドンにあるスペシャルティコーヒー専門のコーヒーショップで、2グループのマシンを使っている。正確で安定した温度を保つことができるだけでなく、イギリスではミルク入りコーヒーのオーダーが多いので、スチームのパワーが十分にあり、途中で弱くならないモデルが必要だ。

ポーリーヌと同僚の場合

オフィス用に全自動エスプレッソマシンを購入。10名ほどのスタッフが1日中、各自好みのメニューを選ぶことができて、しかも使いやすいモデル。備え付けのグラインダーで豆を挽くことができるので、環境にも優しい（カプセルを買わなくてもよい）。マシン本体のお値段が高くてもノープロブレム。会社の経費で落ちるのだから！

バカンス用に1台欲しいイザベルの場合

1年に数週間しか滞在しない田舎の別荘で、エスプレッソを楽しむためのマシンを探していたイザベル。最終的に価格がリーズナブルで、飲む量が限られる短期間の使用に適したカプセル式マシンを選択。たくさんの人が一度に集う別荘では、臨機応変に、ワンタッチで淹れられるモデルが頼もしい。

エスプレッソマシンのお手入れ

マシンの状態が完璧でなければ、美味しいエスプレッソは作れない。ここでは基本のお手入れ方法を紹介する。

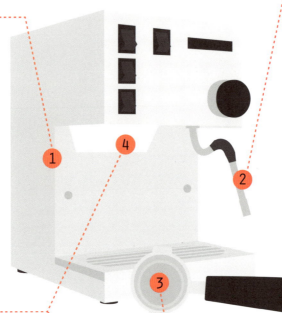

① ボディ
方法：食器用洗剤を少し付けたスポンジで汚れを取る。湯で湿らせたマイクロファイバークロスで磨く。乾いたマイクロファイバークロスで拭く。
頻度：1日に1回

② スチームノズル
理由：ノズル表面と内側に付着したミルクの滓を取り除くため。
方法：スチーム管からノズルを取り外し、フィルターホルダー、バスケットと一緒に漬け置き洗いをする。スチーム管は棒ブラシで磨く。ノズルを取り外せない、あるいは取り外したくない場合は、専用のクリーナーと水が入ったピッチャーにノズルを沈め、スチームバルブを7回開閉する。クリーナーが溶けた水がスチームを送ると温まり、スチームを止めるとスチーム管の中に少し吸い込まれる。次に、クリーナーの入っていない水で同じ作業を繰り返してクリーナーを洗い流す。
頻度：1日に1回

④ グループ
理由：抽出を繰り返すと、湯が出るシャワーフィルターとガスケットにコーヒーの粉が付着するため。
方法：専用のブラシ。フィルターホルダーを付けないで抽出ボタンを押して湯を流し、シャワーフィルターとガスケットをブラシでこする。かなり熱いので気を付けよう！
頻度：1日に1回

③ フィルターホルダーとバスケット
方法：毎日の洗浄：食器用洗剤を付けたスポンジで洗う。
定期的な洗浄：専用のクリーナーを入れた湯（70℃以上）に30分間漬ける。
頻度：毎日の洗浄：1日に数回
定期的な洗浄：週に1回

グループ：下から見た図

3ウェイバルブ搭載マシンの掃除方法：バックフラッシュ

理由：このバルブがあると、エスプレッソ抽出直後にマシン内部の圧力を外に逃すことができるので、グループからフィルターホルダーを安全に外すことができる。だが、コーヒーの粉がグループ内部に入って詰まり、酸敗臭を招くリスクがあるため、バックフラッシュという方法で掃除する。
方法：専用の洗剤を使う。フィルターホルダーに（抽出穴のない）ブラインドフィルターをセットして専用洗剤を適量（3〜9g）入れる。グループヘッドにフィルターホルダーをはめて、抽出スイッチを入れて止める動作（抽出：5秒、停止：15秒）を5回繰り返して、洗剤の混ざった湯をドレインから排出させる。フィルターホルダーを取り外し、グループから湯を空出し（パージ）して、内部に残った洗剤を流し出し、同時にその湯でブラインドフィルターを洗う。次に洗剤を入れないで同じ動作を数回繰り返し、グループ内をゆすぐ。バックフラッシュを行った後に抽出した一杯目のコーヒーは飲まずに捨てる。
頻度：家庭では週に1回。
お店では毎晩、閉店後に1回。

フィルターバスケット内の専用洗剤

エスプレッソマシンのメカニズム

どのモデルでも、基本の仕組みは同じ。内蔵されたボイラーで湯を沸かし、ポンプで湯に圧力をかけて、コーヒーの粉の上に注ぐ。

湯温92℃＋圧力9気圧　＝　香りと風味が十分に抽出される条件

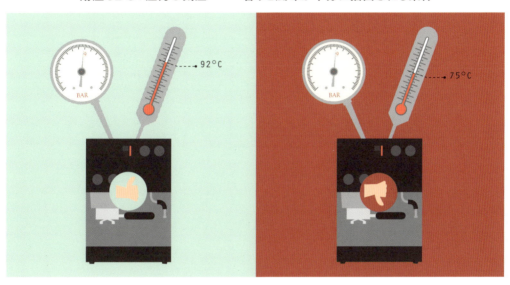

キーポイントは湯温を92℃に保つことである（P.54～55参照）。

技術的なことを言うと、一定の圧力を保つことは簡単だが、湯温はそういうわけにはいかない。一杯のエスプレッソを抽出している間だけでなく、二杯目のコーヒーの抽出に移る時でも、安定した温度を保つことが難しい。温度が変わると、味にばらつきが出る。

圧力が大きいと味がよくなる？

圧力が18気圧まであることをうたい文句にしているメーカーもあるが、エスプレッソ抽出の最適な圧力は8～10気圧である。10気圧以上もあると、過抽出になって苦味が強く出やすい。業務用マシンは、業者による設置時に9気圧に調整される。本格的な家庭用マシンには、強すぎるポンプの威力を和らげるためのリミッターが付いている。ポンプの力量が凄いことに、とりわけ感嘆することのないように！

ところで、圧力って何？

圧力とは物体の面に向かって垂直に押す力のこと。単位は気圧で、1気圧は1㎠あたり1kgwの力に相当する。日常にはいろいろな圧力が存在する。例えば、私たちを取り巻く空気による大気圧（約1気圧）、水深10mごとに1気圧増える水圧、タイヤの空気圧（2気圧）、家庭の水道から出る水の圧力（3気圧）などがある。

コーヒーを淹れる | 53

抽出湯温を一定に保つ方法

エスプレッソマシンには湯を沸かすためのボイラーが内蔵されている。モデルによって容量が異なる、水の温度を上昇させるための装置である。そのメカニズムのほぼ全てが電気で作動するが（ガス式モデルは給電が不十分で、安定していない国で使用されることが多い）、コーヒー抽出用の湯とミルク用のスチームを出すための仕組みは複数ある。

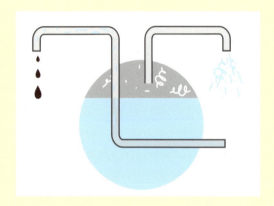

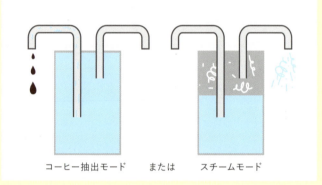

コーヒー抽出モード　または　スチームモード

ヒートエクスチェンジャー（HX）

1961年、FAEMA®E61モデルに初めて搭載されたシステムで、湯煎の原理を取り入れている。数リットルの水の入ったシングルボイラーは130℃に達するとスチームに使用される。このボイラー内にはヒートエクスチェンジャーという細い管が通っていて、ボイラー内の熱湯がこの管を温めるという仕組みだ。給水タンクや水道からの冷たい水がこの管を通り、コーヒーの抽出に適した温度まで温まるようになっている。

シングルボイラー

最もシンプルなシステムで、1つのボイラーで湯・スチーム・抽出をコントロールする。
エスプレッソ抽出モードにすると、ボイラーが湯を92℃まで温める。スチームモードに切り換えると、湯温がさらに50℃ほど上昇し、カプチーノ用のミルクの泡立てなどができるようになる。

ダブルボイラー

1970年にLa Marzocco®（ラ・マルゾッコ社）によって開発された最も性能が高いシステム。エスプレッソ抽出用とスチーム用としてボイラーが2つ、別々に搭載されている。

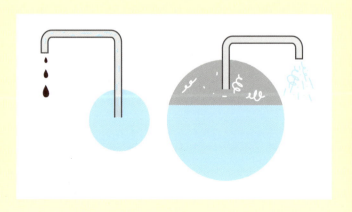

ボイラーではなくサーモブロックが搭載されたマシンとは？

水が循環してほぼ瞬時に沸く電気式システム。湯を沸かす時間が非常に短く、ボイラー式だと30分以上かかるのに対し、2〜3分で抽出が可能となる。ただ、抽出温度が安定しないため、低価格のシンプルなマシン、カプセル式マシンに使われることが多い。つまり、あまりおすすめできないということだ！

まとめ

	シングルボイラー	ヒートエクスチェンジャー	ダブルボイラー
モデル	家庭用	一般的なプロシューマー／業務用	より高性能の業務用／プロシューマー
＋	設計がよいものであれば、安定した温度で効率よく抽出できる。	・エスプレッソ抽出とミルクのスチーミングを同時に行える。 ・ボイラー内に溜めている湯ではなく、一杯ずつ常に新鮮な水で抽出できる。	2つのボイラーが別々に搭載されているので、安定した抽出湯温とスチーム力を同時に、制約なく得ることができる。
−	・エスプレッソ抽出と同時にスチームを使うことができない。 ・スチームを使うために温度を上げたり、次のエスプレッソを抽出するために、一度上げた温度を下げたりするのに数分待たなければならない。	・抽出湯温がグループから出る時に、数度変動することがある。 ・抽出湯温がスチーム用のボイラーの温度に影響される。	多くの装置（ボイラー、電気ヒーター…）が2つ必要なので、コストも2倍になる。
備考	ボイラーはアルミ製よりも真鍮製で、容量が300ml以上のものがよい（熱慣性がよい）。	ヒートエクスチェンジャーは細いので、水の石灰分が溜まりやすい。	エスプレッソ抽出用ボイラーの水は、ヒートエクスチェンジャーの水ほど入れ替えが頻繁ではないが、水道水、浄水器の質が向上したため、衛生上の問題は昔ほどない。

エスプレッソ抽出温度調節機能

スペシャルティコーヒーの先駆者で、シアトルのエスプレッソ・ヴィヴァーチェのオーナーでもあるデヴィッド・ショーマー氏の熱望により、2005年に La Marzocco®（ラ・マルゾッコ社）によって商品化されたテクノロジー。両者は共同で、エスプレッソマシンのボイラーの抽出温度を調節できるPID機能（Proportional, Integral, Derivative）を開発した。ディスプレイ上で抽出温度を一定に保ち、適切に調節することができる。多くのプロシューマー、業務用モデルに採用されている。

バリスタの所作

バリスタは一日に何度も同じ所作を繰り返す。ルーティーンワークだからこそ大切。

**エスプレッソマシンの
タイマーを予約する。**

始動時間を予約できるプログラム機能が搭載されたモデルは少ない。でも、幸いなことに、寝静まった家の中でマシンを始動させるための外付けプログラムパネルが存在する。
業務用マシンの場合、内部が温まるまで時間がかかるため、電源を付けたままにしておくほうがエコロジカルだ。夜中に温度が少し下がる省エネ機能の付いたマシンもある。

① マシンを温める。

全ての部位が十分に温まるまで待つ。家庭用マシンは30分、業務用マシンは1時間が目安。
ランプの点灯は当てにならない！これはマシン内部ではなく湯が温まった合図でしかない。
フィルターホルダーもマシンに取り付けて、一緒に温める。カップもカップウォーマーに乗せておく。

② コーヒーの粉をセットしてタンピングをする。

Ⓐ キッチンクロスで拭いたフィルターホルダー内のバスケットに、挽き立ての粉を入れ、指や道具で、またはホルダーをトントンと軽く叩いて、粉を水平にならす（レベリング）。

Ⓑ タンパーで軽くレベリングした後、腕をできるだけ垂直にして、15kgほどの力をかけて、上から粉を均等に強く押し固める（タンピング）。力を入れすぎて、粉の中に隙間ができないように気を付ける。

Ⓒ 仕上げに、力を入れずにタンパーを半回転〜1回転まわして、粉の表面をならす。

56 | Faire un café

バリスタ流にドサー付きグラインダーを使う。

バリスタは、ドサーにコーヒーの粉を挽き溜めておかない。粉が酸化してしまうからだ。
グラインダーを作動させて、コーヒー豆を一杯分ずつ挽き、ドーシングレバーをパタパタと動かし、挽いた粉を全てフィルターホルダーに落とす。

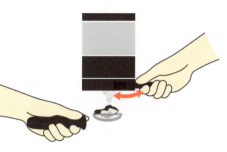

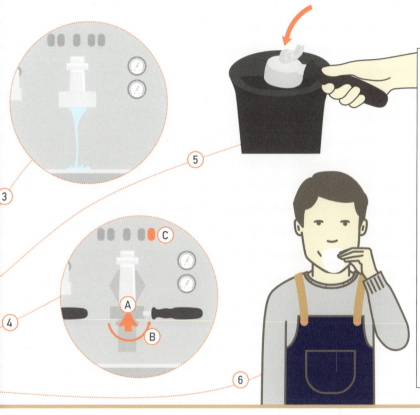

タンパーはバリスタの必需品。ハンドルの形状や長さ、材質はいろんな種類があるので、自分の手に合うものを選ぶことができる。タンパーの直径はフィルターホルダーにぴったり合うものを使用するべきだが、プロ用の標準サイズは58mmだ。

③ パージする。

フィルターホルダーをはめる前に、シャワースクリーン（グループのシャワーフィルター）から湯を2～3秒空出しする。このひと手間で、前回の抽出でシャワーフィルターに付着したコーヒーの粉を落とすことができる。また、ヒートエクスチェンジャー（HX）を採用したマシンの場合、抽出温度がより安定する。

④ コーヒーを抽出する。

グループヘッドにフィルターホルダーⒶをはめたら、右に回転させⒷ、しっかりセットして抽出スイッチⒸを押す。フィルターホルダーをセットしたら、コーヒーの粉が熱くならないうちに、すぐに抽出を始める。抽出口周りやホルダーの縁に粉が付着していないか事前にチェックし、きれいにしておく。

⑤ コーヒーの粉を捨てる。

抽出後、固まった粉を専用の「ノックボックス」に捨てる。フィルターバスケットに残った粉を乾いた布できれいに拭き取る。

⑥ コーヒーを味わう。

エスプレッソは淹れ立てをキュッと飲むもの。さあ、一日の始まりだ。

エスプレッソの濃度

濃度、力強さ、抽出率：これらの表現を理解して、きちんと使い分けたい。

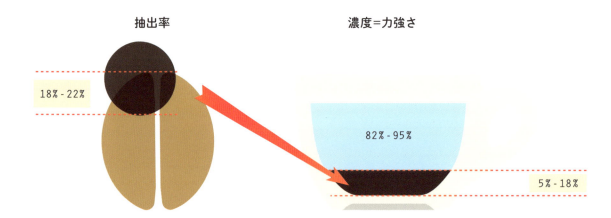

抽出率

18%-22%

濃度=力強さ

82%-95%

5%-18%

コーヒー中の可溶性固形分の18〜22%（質量パーセント濃度）を抽出するのがよいとされている。

抽出された可溶性固形分は湯で薄まり、一杯中の濃度は5〜18%となる。

抽出率は味のバランスに影響する

2つの問題がある：

抽出不足（＜18%）
＝
酸味が強く薄い味になる。

過抽出（＞22%）
＝
苦味が強く渋みが出ることもある。

濃度は味の強さ、濃さに影響する

TDS：5〜8% ＝
ルンゴ（ロングタイプ）
湯量が多い薄めのエスプレッソ

TDS：8〜12% ＝
クラシック／スタンダード／
レギュラーなエスプレッソ

TDS：12〜18% ＝
リストレット
湯量が少ない、とても濃厚なエスプレッソ

TDS（Total Dissolved Solids）とは？

一杯のコーヒーの中に溶けている成分の濃度をTDS（総溶解固形分）という。
コーヒーのテクニカルな面に興味を持ち始めると、よく耳にする専門用語である！

エスプレッソコーヒーのスタイル

一口にエスプレッソコーヒーといっても、いろいろなタイプがある。地域や個人の好みによって、ショート、ロングなど、コーヒーに対する湯量が異なる。

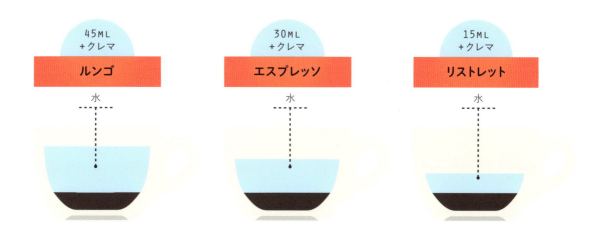

抽出量が少なければ少ないほど、コーヒーの濃度が高くなり、味が濃厚になる。

ロングブラック

コーヒー成分を過抽出することなく、ルンゴよりも軽いエスプレッソにしたい人には、オーストラリア、ニュージーランド発のロングブラックがおすすめ。予め湯を入れたカップにエスプレッソを注ぐ。薄くなるけれど、味わいのバランスはよく、クレマも残る。

アメリカーノ

抽出したエスプレッソに湯を加える。クレマが溶解するため、ロングブラックよりも薄い味になる。その名は、第二次世界大戦の終わり頃に、イタリアに駐屯していたアメリカ兵がエスプレッソを湯で割っていたことに由来する。

特別なエスプレッソに仕上げるための秘訣

エスプレッソの抽出の仕方がわかったとしても、その味わいを向上、洗練させるとなると話は別だ。知識と経験が全てを左右する！ エスプレッソを美味しく抽出するために、様々な条件を調整する行為全体をパラメーター設定という。

理論

レバーピストン式エスプレッソマシンを発明したアキーレ・ガジアが、1947年にパラメーターの基本設定値を定めた。当初の設定から変わったのはコーヒーの粉の分量で、一杯当たり7gだったのが、現在では上方修正されている。それ以外のパラメーターは70年間変わっていない！

実践

トラディショナルマシンで抽出パラメーターの設定を行う際には、常に2杯用のフィルターバスケットを使用する。1杯用のバスケットに移行する場合は、コーヒーの粉の分量を半分にするだけでよく、1杯あたりの抽出量、抽出時間は変わらない。ただし、マシンのグループが2杯用のバスケットに合わせて設計されているため、1杯用のフィルターホルダーで抽出したエスプレッソは、やや風味が落ちる。

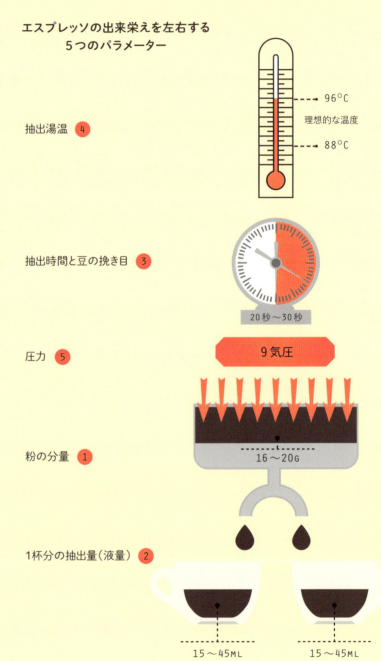

エスプレッソの出来栄えを左右する
5つのパラメーター

Faire un café

1 コーヒーの粉の分量

エスプレッソのボディと味の濃さに影響する。分量を減らすと薄い味になる。アキーレ・ガジアが設定した基本分量は2杯用のフィルターバスケットで14gだったが、現在では18g前後と再調整されている。コーヒー豆の性質（品種、産地、焙煎度、鮮度）や、好みの抽出量に合わせて16〜20gという幅が設定されている。

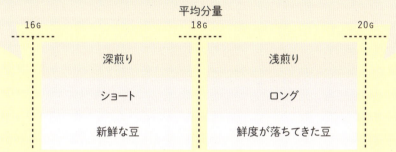

0.1gまで正確に！

エスプレッソはちょっとした変化にも敏感な抽出法だ。そのため、コーヒーの粉の計量は、0.1g単位まで正確でなければならない。計量スプーン（7g）は、それぞれの粉の挽き目や重さまで感知できないため、正確にはかれない。がっかりしないためにも、デジタルスケールで粉のg数をはかるべきである。タイマー付、ドサーなしのグラインダーを持っている場合、挽く分量をプログラムすることができるが、その前に挽き目を調節しておく必要がある。

2 抽出量

クレマの厚さがいつも同じというわけではないので、コーヒー1杯分の抽出量を正確に計るのは難しい。そのため、容積ではなく質量で表す（1g≈1.5ml＋クレマ）。

0.1g単位ではかれるデジタルスケールがあれば申し分ない。

どのスタイルであっても、一杯分の抽出量と紛量には比率がある。

コーヒーを淹れる | 61

特別なエスプレッソに仕上げるための秘訣

❸ コーヒー豆の挽き目と抽出時間

バランスのよいエスプレッソができる抽出時間は20〜30秒である。抽出ボタンを押したらすぐに秒数をカウントし始める。5〜10秒後に、最初の滴がフィルターホルダーから流れ始める。

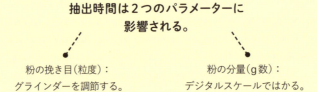

粉の挽き目の問題と対処法：

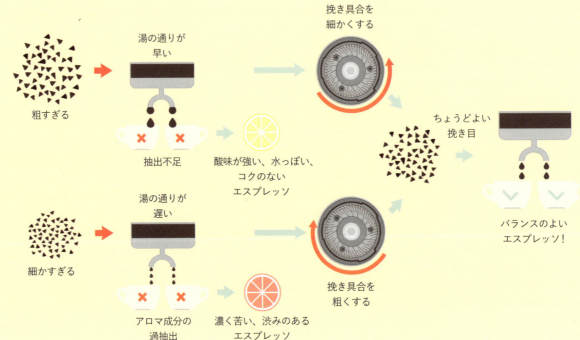

4 抽出湯温

抽出時の湯温を調節することで、抽出率と苦味と酸味のバランスが変わる。他の条件を考慮しながら適温を見定める。

コーヒー豆の焙煎度：湯温を高くすると、アロマ成分が抽出されやすく、浅煎豆の酸味が和らぐ。湯温を下げると深煎豆の苦味が抑えられる。

コーヒー豆の比重（密度）：ブルボンのように重い品種は高温に耐えるが、パカマラのように軽い品種はすぐに熱しやすい。

コーヒーの粉の分量：コーヒーの粉が少ない場合は温度を下げる。

一杯分の抽出量：透過する湯量が多いと、コーヒーの粉が熱くなりすぎるリスクがある。

湯温の安定化

一定の温度を維持できないマシンでは、同じ味わいのエスプレッソを連続して何杯も抽出することができない。1990年代に顕著だったこの問題は、ここ数年でかなり改善されたが、それでも味に影響する最も重要なパラメーターであることに変わりはない。アマチュアのコーヒーファンでも、温度差が1℃もない2杯のエスプレッソの違いを感知できるほどだ！

何度も試行錯誤して経験を積むことで、適切な湯温の予測を立て、微調整することができるようになる。

バリスタの技

グッド・プラクティス

- コーヒーパックに特別な指定がない場合、まずは基本の設定値から始めてみる。
- パラメーターの一つ一つを変えてみて、それぞれの影響をチェックする。
- パラメーターの設定を変えるごとにテイスティングの結果を記しておく。
結局、一杯のコーヒーのバランスを判定できるのは舌だけだ！

フィルターバスケットに残るコーヒーオイルをチェック

抽出かす（出し殻）を捨てた後に、バスケットの底に残るオイルの跡は、他のパラメーターと同様に抽出率の目安となる。

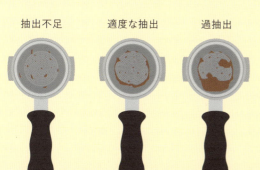

おさらい：スタンダードな設定値

最後の手段

パラメーターを調節しても酸味が強すぎる場合は、エスプレッソマシンのタイプ（全自動、カプセル式など）に関係なく通用するコツがある。マシンから流れ出る最初の数滴をカップに入れないようにすると、エスプレッソの味のバランスが少しよくなる。

エスプレッソコーヒーの分布図

様々なパラメーターが抽出率、濃度、仕上がりに与える影響を図にまとめてみた。

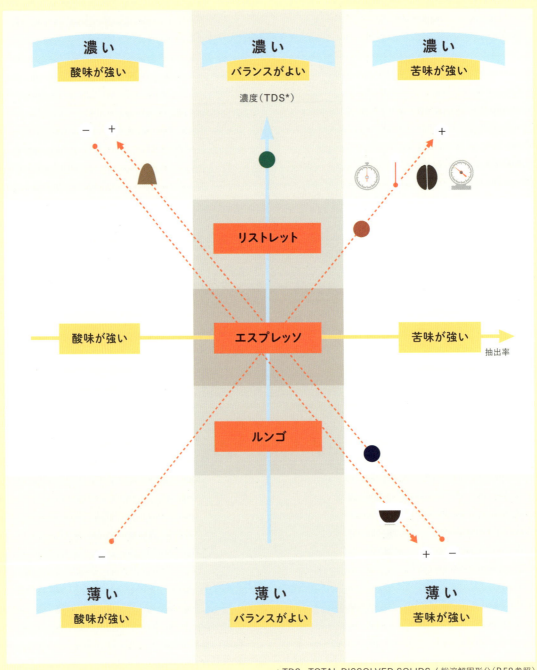

*TDS : TOTAL DISSOLVED SOLIDS / 総溶解固形分（P.58参照）

分布図の見方

- ●横軸：コーヒーの酸味と苦味のバランスを左右する抽出率
- ●縦軸：コーヒーの濃度（薄い→濃い）
- ●対角線：パラメーター

　粉量

　抽出量（液量）

　抽出時間

　湯温

　焙煎度

　抽出圧力

コーヒーの粉の分量を増やすと濃度（TDS）も上がるが、抽出率は下がることが確認できる。反対に、エスプレッソを薄める、つまり、一杯分の湯量を増やすと薄くなる（TDSが下がる）が、苦味が増す（抽出率が増す）。バリスタが他のパラメーター（抽出時間、湯温）などを上げると、コーヒーの濃度と苦味が強くなる。

バランスのよいゾーンは、真ん中の縦軸の周りである。濃度は好みに応じて変えられるが、リストレット、エスプレッソ、ルンゴのゾーンに入るものが、調和の取れたコーヒーと言うことができる。例えば、パラメーターが正しく設定されていない場合、エスプレッソは真ん中のゾーンから外れ、その仕上がりの状態（例：苦味が強くて薄い、など）によって、周辺の8つのゾーンのいずれかに位置することになる。バリスタは、自分の淹れるエスプレッソがバランスのよいゾーンに入るように、個々のパラメーターを微調整する。

仕上がり例：

分布図上に、コーヒーの仕上がりの状態を示す3色の点がある。
パラメーターのうちのいずれかを変更することで、点の位置をバランスのよいゾーンへと移動させることができる。

パラメーターの設定が悪いコーヒー

解決法：
「エスプレッソ」ゾーンに移動させるために、抽出時間を短くする。あるいは、濃いコーヒーを望む場合、「リストレット」ゾーンに移動させるために、抽出量を少なくする。

フランスでよくある薄くて苦いコーヒー！

解決法：
抽出量を少なくして粉量を増やす。そうすると、「エスプレッソ」ゾーンに移る。

バランスは取れているが濃すぎる。つまり、抽出率は適切ということだ

解決法：
抽出量を増やすが、抽出率が上がらないように抽出時間を短くする。こうすると、「リストレット」または「エスプレッソ」ゾーンに移る。

エスプレッソコーヒーが不味い理由

「もう何か月も、家で美味しいエスプレッソを淹れるために試行錯誤している。できることは全て試した。マシン、コーヒー豆、水も変えてみた。なのに、どうしてもダメだ。僕が淹れるエスプレッソは、あのコーヒーショップで飲むプティ・ノワールとはかけ離れている…」。あなたもこんな不満を感じたことがあるだろうか？　不味いものはどうしようもないとあきらめてはいけない。原因を探り当てて、解決策を見つける方法はある。

不味いとはっきり言うことはできても、その欠点を言葉で言い表すのは簡単ではない。美味しくないエスプレッソコーヒーは、コクがなく、苦味と酸味がきつく、酸っぱいと感じることもあり、香りが弱く、余韻がない。

コーヒー、特にエスプレッソは、手を抜いてはならない飲み物だ。コーヒーの粉に高い圧力をかけて湯を通す抽出法は、良好な成分を瞬時に引き出してくれるものの、コーヒーにかなりのショックを与えることになるので、欠点も出やすくなる。そのため、コーヒーの出来栄えを左右する細部の一つ一つに気を配らなければならない。

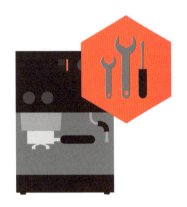

エスプレッソマシンの問題。機能、手入れが不十分。調整が悪い。欠陥がある。

エスプレッソマシンは一般に普及してきているが、全てが同じクォリティーというわけではなく、適切な手入れが欠かせない。内部に残った油分、水の通るパイプに付いた石灰分などをきれいに取り除こう。

エスプレッソマシンのお手入れ方法については、P.52参照。

カップが冷たい。形状が合っていない。

見落とされがちだが、器も大事。ワインやスピリットのように、カップの形、大きさ、温度、材質は、コーヒーの香りと味の感じ方に大きく影響する。

器の選び方については、P.37参照。

コーヒーミルがない。

コーヒーは、豆の状態であれば、袋を開封しても数日間は持つが、挽いて粉にすると、大気に触れることで酸化が急速に進み、香りが数分で飛んでしまうことがある。酸化したコーヒーは決して美味しくならない。そのため、エスプレッソマシンには、ミル、より正確に言うと臼式グラインダーが欠かせない。挽き立ての極細の粉を使うことで、美味しい「プティ・ノワール」を淹れることができる。

よいグラインダーの選び方については、P.28参照。

グラインダーの問題。手入れが不十分。欠陥がある。

グラインダーでコーヒー豆を何度も挽くと、臼歯の間やチャンバー内に油分がこびりつく。しばらくそのままにしておくと、挽いた豆に酸敗した味が付くようになり、臼歯も傷んでしまう。エスプレッソマシンと同様に、グラインダーも日々の手入れを怠ってはならない。

グラインダーの手入れについては、P.31参照。

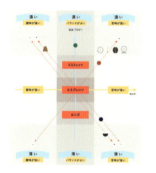

パラメーターがうまく調節できていない。

高圧抽出法はコントロールが難しく、その時々の状況に合った精密なパラメーター設定が必要となる。最上の一杯にするための絶妙な設定を見出すのが、バリスタの腕の見せ所。何度も試行錯誤を繰り返し、経験を積むことで、パラメーターを巧みに操作できるようになる。

P.60〜65参照

焙煎具合が適切ではない。

焙煎とは生豆を高温でローストすることである。焙煎が浅すぎると平板で酸味の強いエスプレッソコーヒーになる。反対に深すぎると苦味が強く出る。

焙煎の仕方については、P.112参照。

コーヒー豆の質が悪い。

特徴のない土壌で、粗雑に栽培された豆から、特別な一杯が生まれることはない。うまくいけば、バランスの取れたコーヒーに仕上がることもあるが、それ以上は望めない。プロの意見を聞いて、良質な豆を選ぶようにしよう。

良質なコーヒーの選び方については、P.121参照。

焙煎してから時間が経っている。あるいは焙煎し立て。

焙煎した豆は、密封状態で数か月間は香りと味を保つことができる。それ以上経過すると、酸敗してくる。反対に、焙煎し立ての豆もよろしくない。焙煎中に発生したCO_2が、抽出時に大きな気泡を形成するからだ。金属のような味のしない、最良の一杯を得るためには、豆からガスが抜けるまで、最低でも1週間待つ必要がある。

焙煎豆の保存方法については、P.122〜123参照。

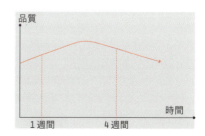

ミルク、コーヒーとラテアート

コーヒーにミルクを入れると、また違った美味しさが生まれる。ミルクとコーヒーのまろやかな組み合わせは、舌だけでなく目も存分に楽しませてくれる。

ミルクを泡立てる（スチーミング）

ミルク入りのドリンクを作るには、エスプレッソマシンのスチームノズルから蒸気を送り込んでミルクを泡立て、温め、攪拌するという作業を同時に行う必要がある。気泡が見えないほどきめの細かい、濃密で滑らかな質感のミルクに仕上げる。

乳脂肪分が3.5％の全乳、生乳を使う。脱脂乳、低脂肪乳だとクリーミーな泡ができにくい。

熱伝導のよいステンレス製のピッチャーを使う。
300mlのピッチャー → カプチーノ1杯分
600mlのピッチャー → カプチーノ2杯分

泡立て方

1 サイズに関係なく、ピッチャーの半分まで冷たいミルクを入れる（注ぎ口から約1cm下のラインまで）。

2 スチームノズルが垂直にならないように少し傾ける。ノズル内の水分を飛ばすために、スチームを空ぶかしする（パージする）。

3 ピッチャーの注ぎ口に沿ってスチームノズルを斜めに差し込む。ノズルの位置はピッチャーの中心と端のちょうど真ん中あたりを目安とする。ノズルの口がミルク液面のすぐ下にくるように浅く入れる。片方の手でピッチャーの取っ手を持ち、もう一方の手を底に当てて、温度が上がってくるのを確認する。

4 ステップ1：ミルクに空気を取り込むために、スチームノズルから蒸気を送り込む。チリチリという音がして、ミルクのボリュームが増してくる。
ステップ2：チリチリという音が出ないように、ピッチャーの位置を上げてスチームノズルの口を少し深く沈める。ミルク全体を対流で攪拌し、60～65℃になるまで温める。ピッチャーの底が触れないほど熱くなったら止める。

5 ピッチャーをテーブルにコンコンと軽く打ち付けて粗い気泡を潰し、大きく回して光沢を出す。表面に艶が出てくる。生クリームのように滑らかな質感になればOK。

6 専用の布でスチームノズルを拭き、ノズル内に残ったミルクを空ぶかし（パージ）して出す。

何が問題?

泡（フォーム）が厚すぎる：ステップ1で空気を取り込み過ぎたことが原因。

温めたミルク程度の薄い泡しかない：ステップ1で空気を十分に取り込まなかったことが原因。

ミルクの基本の注ぎ方（カプチーノ編）

カップに抽出したエスプレッソに泡立てたミルクを注ぐには、ちょっとしたテクニックが必要だ。ミルクをいったんコーヒーの中に潜り込ませ、下から表面に浮かびあがらせるように注ぐ。口に含んだ時に、コーヒーの味を最初に感じるように仕上げるのがポイントだ。

カップを傾けて持ち、コーヒーの液面から5〜10cmほど高い所から、コーヒーの中心に泡立てたミルクを注ぐ。きちんと泡立てたミルクは液面にとどまらず、下に沈む。

カップの2/3まで注いだら、カップを徐々に水平に戻して、ピッチャーの注ぎ口をカップに近づけて傾け、ミルクを表面に垂らすように注ぐ。

液面の中心に白い円ができたら、ピッチャーを起こして注ぐのを止める。

カプチーノは、口に含んだ時にまずコーヒーの味が感じられるように、ミルクの周りにコーヒーの輪ができるように仕上げる。2でカップにピッチャーを近づけるタイミングが遅すぎるとミルクの円が小さくなる。反対に、早すぎると大きくなる。

よい泡（フォーム）とは

コーヒースプーンの背で泡のボリュームをチェックする。厚さが1cm以上で、弾力のあるクリーミーな質感であれば申し分ない。

コーヒーを淹れる | 69

ハート

基本の注ぎ方を少し変えるだけで、ハートのモチーフを描くことができる。

基本の注ぎ方で、コーヒーの中心にミルクを注ぐが、この時、円を描くように注ぐ。カップがいっぱいになり、コーヒーの中心に白い円が浮かぶまで続ける。

カップがいっぱいになったら、ピッチャーを上に起こしながら、ミルクを細くして円の中心を切るように手前から奥へと動かす。

右図のようにレイヤーハートを描くこともできる。白い円が液面に浮かびあがる時に、ピッチャーを左右に揺らすとレイヤーができる。

チューリップ

ミルクを数回に分けて注ぐため、ある程度の器用さが求められる。

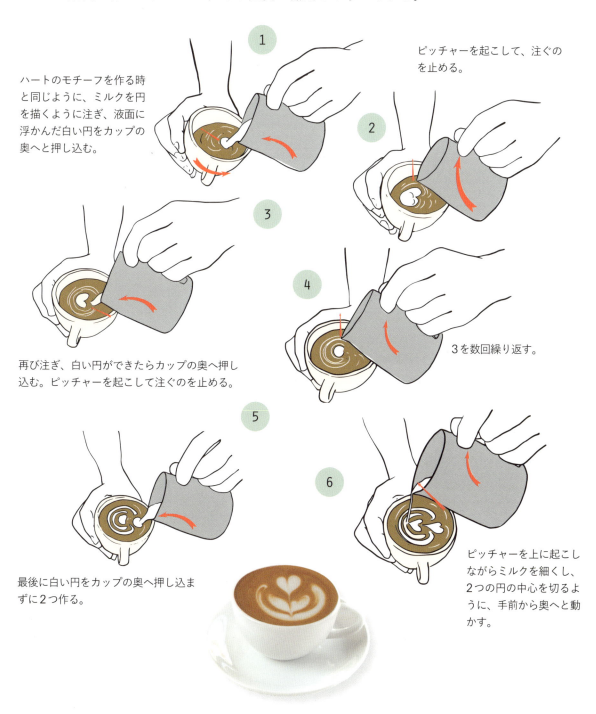

ハートのモチーフを作る時と同じように、ミルクを円を描くように注ぎ、液面に浮かんだ白い円をカップの奥へと押し込む。

ピッチャーを起こして、注ぐのを止める。

再び注ぎ、白い円ができたらカップの奥へ押し込む。ピッチャーを起こして注ぐのを止める。

3を数回繰り返す。

最後に白い円をカップの奥へ押し込まずに2つ作る。

ピッチャーを上に起こしながらミルクを細くし、2つの円の中心を切るように、手前から奥へと動かす。

コーヒーを淹れる | 71

ロゼッタ（リーフ）

一番難しいモチーフ。完璧に泡立てたミルク、器用な手さばき、そして訓練が必要だ！

泡立てたミルクをハートのモチーフを作る時と同様に注ぐ（高い位置から円を描くように注ぐ）。ピッチャーをカップに近づけて注ぎ、白い円が液面に浮かび上がったら、カップを徐々に水平に戻しながら、ピッチャーを左右に大きく振る。自然とロゼッタ（リーフ）のレイヤーができてくる。

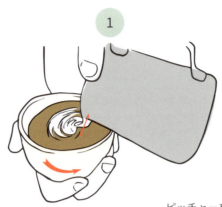

ピッチャーを左右に振りながら、カップの手前に戻し、ロゼッタの頂上に小さな円を描く。

ハート形になるように小さな円の頂上で動きを少し止め、ピッチャーを上に起こしながらミルクを細くして、モチーフの中央を切るように手前から奥へと動かす。

カプチーノとその仲間たち

カプチーノはミルク入りコーヒーの王様と言える飲み物。現在のスタイルはイタリアで生まれた。クリーミーな口当たりで、コーヒーの複雑な香味よりも、シンプルで優しい味（カラメル、チョコレートなど）を楽しむタイプだ。

言い伝えによると、カプチーノという名前は、1683年、ウィーン包囲の最中にこの飲み物を考案したマルコ・ダヴィアーノというカプチン派修道士の服の色に由来している。

1. 150～180mlサイズのカップに、エスプレッソ1ショット（15～45ml）を抽出する。
2. 300mlのピッチャーに、ミルク150mlを入れてスチームで泡立てる。
3. エスプレッソにミルクを注ぐ。

チョコレートを入れる？ 入れない？

伝統的には、カプチーノはエスプレッソとミルクだけで作られるが、チョコレート・フレークまたはココアパウダーを振りかけてもよい。ラテアートをするのであれば、泡立てたミルクを注ぐ前に、エスプレッソに振りかける。

フラット・ホワイト

オーストラリア、ニュージーランド生まれ。カプチーノ用よりもきめ細かく泡立てたミルクを入れる。エスプレッソの量を2ショットにするのが定番のスタイルで、コーヒーの香味をより強く感じる。

カップ（180ml）

1. 約180mlサイズのカップにエスプレッソ2ショットを抽出する。
2. 300mlサイズのピッチャーにミルク150mlを入れ、カプチーノ用よりも空気を少なめに取り込むように泡立てる。スチームノズルの位置を調節しながら、泡（フォーム）の少ない、より重い質感に仕上げる。
3. エスプレッソにミルクを注ぐ。

ベビーチーノ

コーヒーを入れず、ミルクとミルクの泡（フォーム）だけで作る子供向けの飲み物。1990年代、オーストラリアやニュージーランドのコーヒーショップで、親子で楽しめるようにと考案された。

グラス（200ml）

1. 300mlサイズのピッチャーでミルク150mlを泡立てる（カプチーノよりも低温で温める）。
2. グラスまたはカップに注ぐ。
3. ココアパウダーを振りかける。

コーヒーを淹れる | 73

カフェラテ

イタリアのカフェラテ、あるいはアングロサクソン系の国々のラテは、オーストラリアやニュージーランドのフラット・ホワイトに似ているが、カップのサイズがより大きい。

カップ（200〜300ml）

1 200〜300mlサイズのカップに、好みに合わせて1〜2ショットのエスプレッソを抽出する。
2 600mlサイズのピッチャーでミルク250mlを泡立てる。スチームノズルの位置を調節して、カプチーノ用よりも空気を少なめに取り込むように泡立て、泡（フォーム）の少ない、より重い質感に仕上げる。
3 エスプレッソにミルクを注ぐ。

ラテ・マキアート

カフェラテの一種で、泡立てたミルクの中にエスプレッソを注ぐタイプ。エスプレッソとミルクの層を目で楽しむために、大きなグラスに入れる。

グラス（350ml）

1 600mlサイズのピッチャーにミルク250〜300mlを入れて泡立てる。スチームノズルを調節して、空気を多く取り込み、ふんわりした泡（フォーム）を作る。グラスに注ぐ。
2 ステンレスまたはセラミック製の100mlのピッチャーに、エスプレッソ1ショットを抽出する。
3 グラスにエスプレッソをそっと注ぐ。比重の違いでミルクとコーヒーの層ができる。

マキアート

マキアートは、イタリア語で「染みをつける」という意味で、エスプレッソにミルクの泡を少し浮かべる。

グラス（90ml）

1 90mlサイズのグラスにエスプレッソ1ショットを抽出する。
2 小ぶりのピッチャーに少量のミルクを入れて泡立てる。
3 エスプレッソの上にコーヒースプーン1〜2杯分の泡をのせる。

コルタード

スペイン語で「割る」という意味のコルタードは、フランスのカフェ・ノワゼットに似ている。エスプレッソコーヒーを温めたミルクで割ったものだ。現代では泡立てたミルクを使うことが多く、小さなカプチーノのような仕上がりになるが、コーヒーの濃度はより高い（エスプレッソ：1/3、ミルク：2/3）。

グラス（90ml）

1 90mlサイズのグラスにエスプレッソ1ショットを抽出する。
2 300mlのピッチャーで、少量のミルクを泡立てる。
3 エスプレッソに泡立てたミルクを注ぐ。

アフォガート

ドリンクとデザートの中間のような存在。冷たいアイスクリームと熱いエスプレッソが溶け合う、シンプルかつリッチな味わい。

カップ（200ml）

1　200mlサイズのカップにバニラアイスクリーム1玉を入れる。
2　その上にダブルエスプレッソを抽出する。

カフェオレ

少年時代に、このカフェオレで初めてコーヒーの味を知った多くの愛好家にとっては、プルーストのマドレーヌのような存在。フランス人にとってのカフェオレは、イタリアン人にとってのカプチーノのようなもの。つまり、定番中の定番だ。

カフェオレボウル（500ml）

1　できればコーヒープレス（フレンチプレス）で、フィルターコーヒー200mlを淹れる。
2　ミルク200mlを鍋に入れて弱火で、またはエスプレッソマシンのスチームノズルで、約65℃まで温める。
3　カフェオレボウルにコーヒーとミルクを注ぐ。

アイリッシュ・コーヒー

アイリッシュ・ウィスキーのフルーティーで軽やかな風味が、コーヒーと見事に調和し、最後に浮かべた冷たい生クリームの層が温かい液体を包み込む。アイリッシュ・コーヒーはかき混ぜず、そのまま飲むものだ。

グラス（200ml）

1　コーヒープレス（フレンチプレス）でフィルターコーヒー100mlを淹れる。
2　湯煎で温めたアイリッシュ・ウィスキー40mlに、ブラウンシュガー小さじ2杯分を溶かす。
3　（熱でひび割れないようにあらかじめ湯で温めておいた）グラスにコーヒーを注ぎ、ウィスキーを加える。
4　生クリームを軽く泡立て、3の液面にそっと浮かべて、スプーンの背でやさしく伸ばす。

カプチーノ・フラッペ

氷を入れたカクテルシェーカーで作る、自由な発想から生まれたアイスカプチーノ。

グラス（200ml）

1　300mlサイズのピッチャーでミルク150mlを泡立て、エスプレッソ1ショット（15～45ml）に加えてカプチーノを作る。
2　ステンレスまたは磁器製の小さいピッチャーにシロップ15gを入れる。
3　氷80gを入れておいたシェーカーにカプチーノとシロップを入れて、30秒間力強く振る。
4　氷が入らないように漉しながら、200mlサイズのグラスに注ぐ。

フィルターコーヒー（カフェ・フィルトル）*

本物のエスプレッソを抽出する方法は1つしかないが、フィルターコーヒーの抽出方法は各種あり、大きく2つに分類される。すなわち、浸漬法、透過法だ。圧力で瞬時に抽出するエスプレッソとは真逆で、コーヒー成分を静かに時間をかけて抽出する。

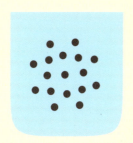

浸漬法

抽出器の中にコーヒーの粉を入れて熱い湯を注ぎ、そのまま数分間（淹れ方に応じて1〜4分）、浸しておく。抽出が終わったら、フィルターを使ってコーヒーの粉を取り除く。この方法では、コーヒーの粒子が湯にまんべんなく浸るため、コーヒー成分を簡単かつ均一に抽出することができる。特別なハンドテクニックは必要ない。

透過法

フィルターに入れたコーヒーの粉の上に、湯をまわしかけて抽出する方法。粉に湯を浸透させてフィルターで濾す。香り成分と油分を含む琥珀色の液体だけが、重力によってゆっくりと下に落ちる。粉を湯に浸す時間が一定している浸漬法と違い、透過法による抽出時間は、フィルターホルダーに湯を注ぐ速さ、コーヒー豆の挽き目によって変わる。均一に抽出するためには、全てのプロセスで、湯が粉全体に行き渡るようにすることが大切だ。

*フランスを含む一部の国では、ドリップ、サイフォン、エアロプレス、ケメックスで淹れる（エスプレッソマシンを使わない）コーヒー全般を、フィルターコーヒー（カフェ・フィルトル）と呼んでいる。

それぞれの抽出法に欠かせない情報を覚えよう

抽出時間（例：4分）

コーヒーの挽き目

コーヒーの分量（例：14g）

杯数（例：×1）

湯量（例：200ml）

フィルターコーヒーに必要な道具

浸漬法、透過法のどちらであっても、コーヒーを淹れるためには、挽いた豆、水(湯の場合が多い)はもちろんのこと、次に挙げる基本道具が欠かせない。それから、自分の好みに合った抽出器を選ぼう。

コーヒーミル(グラインダー)
(P.28～31参照)

デジタルスケール(はかり)

ケーキ作りと同じように、フィルターコーヒーの抽出に欠かせない道具だ。コーヒーの粉を計量スプーン、水を計量カップ(容量)ではかるのは正確さに欠ける(温度によって水の体積は変わる)。コーヒーと水の質量(重さ)をはかるほうがより正確だ。そのためには、ピッチャーやコーヒーポットが置けるほど台の部分が広く、0.1g単位ではかれる精密なデジタルスケールが必要だ。

タイマー

ドリップポット(ケトル)

ヘラ、パドル

カップ、マグ、グラス
(P.36～37参照)

水
(P.32～35参照)

フィルター
(P.84～85参照)

材質はペーパー、ネル(布)、金属。形状は円型、溝の入った扇型、サイフォン式、V60式など。

どの抽出器を使うにしても、少なくとも浄水器で濾過した新鮮な水を使うようにしよう。電気式のコーヒーメーカーで淹れる場合は、できれば、Volvic®(ボルヴィック)を選ぶことをおすすめする(石灰分の沈澱、酸化を防ぐため)。他の抽出器で淹れる場合は、Montcalm®(モンカルム)がベストだ。

78 | Faire un café

マストアイテム：ドリップポット

透過法で上手に淹れるためには、注ぎ口が白鳥の首のように細長い、特別な「ケトル」が欠かせない。普通のケトルよりも、湯を注ぐ量と速度をコントロールできるので、均一に抽出できる。Hario®（ハリオ）、Bonavita®（ボナヴィータ）製のドリップポットが優秀。さらに、両社は温度を微調節できるサーモメーターも出している。

フロー・リストリクター

湯をさらに細く、安定したペースで注ぎたい時は、調節弁を取り付ける。
特に、Hario® V60型のドリッパーで淹れる時に活躍する。インターネットでも購入可。

理想的な抽出器

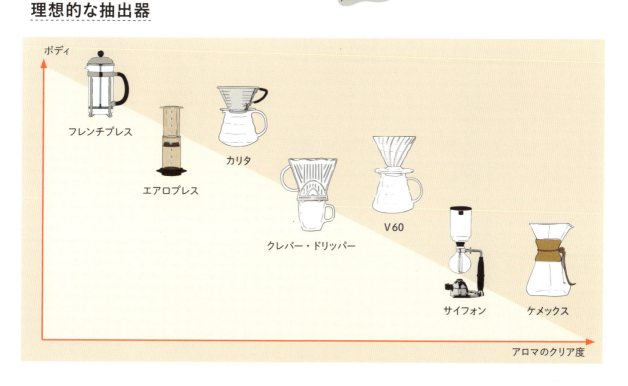

コーヒーを淹れる | 79

フィルターコーヒーの味わい方

エスプレッソコーヒーと同じように香りと味わいを楽しむコーヒーであり、テイスティングのための評価基準もある。長い間、薄いだけのコーヒーという不当なイメージがつきまとっていたが、今ではその真価に見合った、然るべき注目を集めている。

淹れ方

フィルターコーヒーはコスト的にも、テクニック的にも、エスプレッソコーヒーよりも手軽に楽しむことができる。ただし、美味しさを最大限に引き出すためのルールがいくつかある。

温度

良質なフィルターコーヒーは、温度によって表情を変える。

> / = 70℃：アロマが熱で隠れてしまうため、そのほんの一部のみが香る。
60℃：酸味とフルーティーな香りが出てくる。
40℃：すっきりとした後味で、余韻が長く続く。
25℃：冷めてもまだ心地よい風味が続くのは、特別なコーヒーである印。

> **砂糖入り？　砂糖なし？**
>
> きちんと淹れたフィルターコーヒーに砂糖は必要ない。砂糖を入れると、繊細な香りと上品な風味がかき消されてしまうだろう。反対に淹れ方が悪かったせいで、苦味がきつくなり、甘みや風味が弱くなってしまったコーヒーは、砂糖を入れてバランスを整えるとよい。

感覚

色

エスプレッソコーヒーとは違い、フィルターコーヒーの味わいは、それほど器に影響されない。グラス、透明なマグカップに淹れると、コーヒーの色、すなわち豆の焙煎具合を目で評価することができる。
深煎り豆の場合：焦げ茶色から黒色までの暗いニュアンス。
浅煎り豆の場合：薄茶色から赤褐色までの明るいニュアンス。

ネ（鼻先で感じる香り）

フィルターコーヒーから立ちのぼる香りは、フルーティー、フローラル、ナッツ系といった心地よいものである。他の香りは欠点と見なされることが多い。

味

基本の5味のうち、一番際立っているのはおそらく酸味だろう。きりっと爽やかな風味、心地よいフルーティーな香りが感じられ、すっきりした飲み口に仕上がる。ただし、酸味は、その種類や強さによって、不快感をもたらすこともあるので、強く出すぎないようにしなければならない（例えば、キナ酸には渋味、酢酸にはイヤな酸味が潜んでいる。P.45参照）。

コーヒーを淹れる | 81

アロマ
（口の奥から鼻に抜ける香り）

フィルターコーヒーのアロマの種類は、エスプレッソよりも多い。アロマは複数の系統に分類することができる。フローラル、フルーティー、ハーブ、ナッツ、カラメリゼ、チョコレート、薬草、スパイス、スモークなどである。エスプレッソと同様に、口の奥から鼻に抜ける時に感じられるアロマは、鼻先で感じた香り（ネ）を補うものだが、香り（ネ）と全く同じとは限らない（P.42～47参照）。

ボディ（触感）

フィルターコーヒーよりも濃度が10倍高いエスプレッソと同じ尺度でボディを評価することはできない。フィルターコーヒーのボディの決め手となるのは、水に溶けず、液体の中で浮遊している成分（沈殿物、油分）であり、これらの成分の量によって液体の厚みが変わる。ボディとは何よりもまず、口の中に含んだ時の触感であり、クリーミー、重い、濃い、ライト、薄い、水のようにサラッとした、などのように表現する。ライトボディでもフルボディでも、好ましく心地よい触感であることが大切だ。

フレーバー

フィルターコーヒーにはエスプレッソのような力強さ、厚み、粘り気、濃縮感はない。
反対に、繊細さ、柔らかさ、長い余韻、心地よい酸味、シルキーなボディ、透明感のあるアロマなどの特徴が際立つ。美味しいフィルターコーヒーを味わうことは、どこまでも細部まで見渡せる澄んだ景色の中を、ゆっくりと静かに旅するようなものだ。

複雑なコーヒーとは？

様々な温度で表れる良好なアロマの種類（フローラル、フルーティー、スパイシーなど）が豊富で、香りや味、触感などの印象が多様（まろやかな口当たりで、ほどよい甘みと酸味がある、など）でありながら、調和の取れたコーヒーのことを指す。

テイスティングノート

銘柄：	Kamwangi AA（カムワンギAA）（ケニア産）
品種：	SL28、SL34、K7、ルイル11
精製方式：	ウォッシュド（水洗式）
焙煎日：	2016/03/15
賞味日：	2016/03/25

抽出法： V60

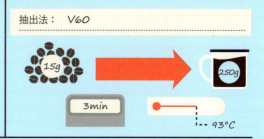

LE NEZ / ネ（鼻先で感じる香り）

ポジティブ
- ✓ ナッツ
- 赤い果実
- 核果
- 草葉
- トロピカルフルーツ
- 柑橘類
- ✓ 花
- スパイス

ネガティブ
- タバコ
- 焦げ臭
- 草葉
- 樹木

ノート： ジャム、蜂蜜

LES ARÔMES / アロマ（口の奥から鼻に抜ける香り）

ポジティブ
- ✓ ナッツ
- ✓ 赤い果実
- 核果
- 草葉
- トロピカルフルーツ
- 柑橘類
- 花
- スパイス

ネガティブ
- タバコ
- 焦げ臭
- 草葉
- 樹木

ノート： カシス、すぐり、アーモンドペースト

酸味
1 — 2 — 3 — 4(✗) — 5

甘味
1 — 2(✗) — 3 — 4 — 5

濃厚さ

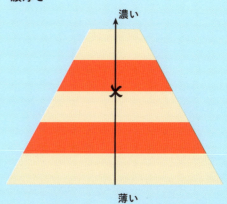

ボディ
1 — 2(✗) — 3 — 4 — 5

バランス
1 — 2 — 3 — 4(✗) — 5

クリーン度
1 — 2 — 3 — 4(✗) — 5

余韻
1 — 2 — 3(✗) — 4 — 5

フレーバー、総合的な印象

甘やかな香りと上品で優しい酸味。

ほどよいボディで、

アロマが鮮明に感じられる、

クリーンな味わい。

ケニア産の上質な豆。

コーヒーフィルター

フィルターコーヒーは、挽いた豆に湯を浸透させて淹れるものだ。抽出液はフィルターを通って下に落ち、粉はフィルターに残る仕組みになっている。

ペーパーフィルター

1908年、Melitta®（メリタ社）によって考案された、最もポピュラーなフィルター。安価で、白い漂白タイプと茶色い無漂白タイプがある。無漂白タイプは、紙の雑味がコーヒーに移りやすいので、漂白タイプを使用したほうがよい。

 長所

粉などの不溶性物質だけでなく、コーヒーオイルもほとんど通さないため、他のフィルターコーヒーよりも香りが一段とクリアで、雑味のないすっきりしたコーヒーになる。また、広く市販されているので、買い求めやすい。

 短所

使い捨てタイプなので一回しか使えない。コーヒーに紙の雑味が移らないように、使用前に湯をかけてすすぐ必要がある。

ネルフィルター

ペーパーフィルターの原型で布製（主に綿素材）。すっきりした味わいで、ペーパーフィルターよりも厚みのあるボディになる。

 長所

洗って繰り返し使うタイプ。粉などの不溶性物質をしっかりと濾し取りつつ、コーヒーオイルを幾らか透過させるため、香り豊かで、コクもあるコーヒーになる。

 短所

ネルフィルターは使ったらすぐに水洗いし、きれいな水の入った密閉容器に浸した状態で、冷蔵庫で保管しなければならない。そうしないと、布に染みついた不快な匂いが、コーヒーに移ってしまう。

金属フィルター

エスプレッソマシンと同じ原理の金属製タイプ。小さな穴が無数に空いていて、液体だけではなく、微粉などの不溶性物質、コーヒーオイルも透過する。

＋ 長所
洗いやすく、保管も簡単。このフィルターで淹れると、より粘りと厚みのある、こってりした味わいになる。

− 短所
他のフィルターほど、アロマがクリアに感じられない。

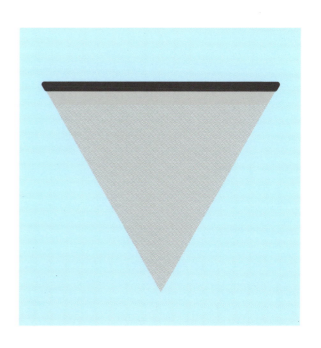

フィルターと抽出器の相性

LA CAFETIÈRE À PISTON（コーヒープレス）

アングロサクソン系の国では「フレンチプレス」とも呼ばれている。その愛称の通りフランスで最も普及しているタイプで、誰でも簡単に扱うことができる器具だ。

| 浸漬法 | 4分 | ×1 | 200ML | 14G | 挽き目(P.27参照) |

> とてもシンプルな抽出法。フレンチプレスで淹れると、他のフィルターコーヒーよりもボディのある、まったりとした口当たりになるよ。唯一の欠点は、カップに微粉が入ってしまうことだ。

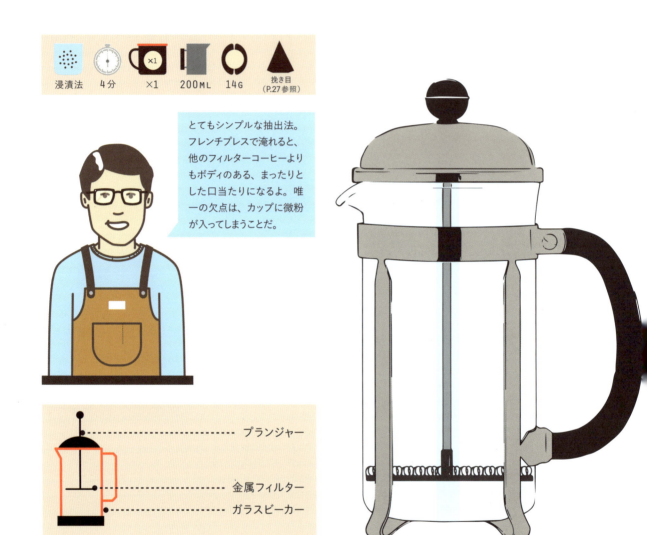

- プランジャー
- 金属フィルター
- ガラスビーカー

フレンチプレスで淹れたコーヒーを、さらにフィルターで漉す。

フレンチプレスで抽出したコーヒーには、微粉が混ざっている。沈殿物を少なくするために、ペーパーフィルターなどで漉してもよい。ややライトなボディになるが、香りがより鮮明に感じられる。

Faire un café

淹れ方

1. ポットに湯を入れて全体を温める。湯を捨てる。
2. 水200mlを94℃まで熱する。温度計がない場合は、沸騰してから30〜40秒、フタをしない状態で待つとよい。
3. ガラスビーカーにコーヒーの粉14gを入れる。デジタルスケールにポットを置き、その重さを差し引くために、目盛りを「0」にリセットする（風袋引き）。コーヒーの粉全体に行き渡るように湯を注ぐ。
4. フタをしてタイマーを押す。プランジャーを押し下げない状態で4分間置き、コーヒーを抽出する。
5. フタを外して、液面を覆う膜をスプーンですくって捨てる。
6. プランジャーをビーカーの底までゆっくりと押し下げる。
7. 底にたまった沈殿物がカップに入らないように注ぐ（沈殿物が口の中に入るとざらざらして不快になる）。

ESPRO PRESS®（エスプロプレス）

2011年に発売された、フレンチプレスの改良型。金属フィルターが2重構造になっていて、目が細かいため、微粉がカップに入りにくい。さらにビーカー部分がステンレス製で、保温力が高いため、いつでも安定した抽出が可能で、コーヒーが冷めにくいという利点がある。

L'AEROPRESS® (エアロプレス)

エアロビー社の創業者、アラン・アドラーが2005年に発明した器具。プラスチック製でとても使いやすい。

フレンチプレスよりも短時間で淹れられる。ペーパーフィルターを使うから、カップに微粉が入りにくい。

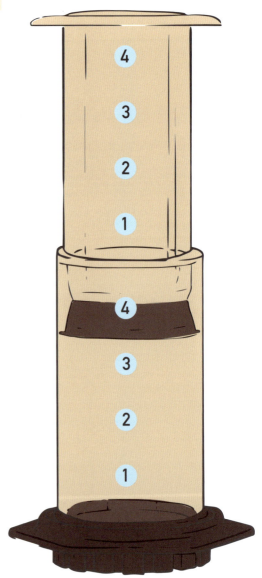

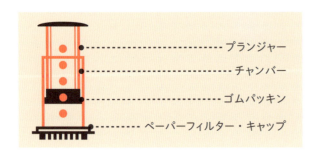

淹れ方

水250mlを92〜94℃まで熱する。温度計がない場合は、沸騰してから30〜45秒、フタをしない状態で待つとよい。

通常の抽出法

チャンバーにフィルターキャップを取り付け、サーバーまたはマグの上に置く。チャンバーにコーヒーの粉14gを入れ、全体をデジタルスケールに乗せる。その重さを引くために、目盛りの表示を「0」にする（風袋引き）。

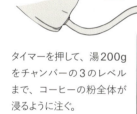

タイマーを押して、湯200gをチャンバーの3のレベルまで、コーヒーの粉全体が浸るように注ぐ。

チャンバーにプランジャーをはめ込み、タイマーが1分になるまで抽出する。

プランジャーを外し、パドルで円を描くように3回かき混ぜる。再びセットしたプランジャーを、30秒ほどかけてゆっくりと、チャンバーから液体がなくなるまで押し下げる。

反転式抽出法

フィルターキャップにペーパーフィルターを入れ、少量の湯をかけてすすぐ。

プランジャーを逆さにして、その上からチャンバーを取り付ける。チャンバーにコーヒーの粉14gを入れる。デジタルスケールに全体を乗せて、その重さを差し引くために目盛りを「0」にリセットする（風袋引き）。

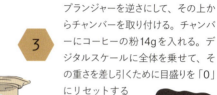

タイマーを押して、湯200gを粉全体に行き渡るように注ぐ。

フィルターキャップの上に、サーバーまたはマグカップを逆さにして置き、全体をひっくり返す。プランジャーを30秒かけてゆっくりと、底まで押し下げる。

パドルで3回、円を描くようにかき混ぜる。チャンバーにフィルターキャップをセットして、湯がフィルターに触れるまでチャンバーを押し下げる。タイマーが1分になるまで、そのまま粉を浸しておく。

コーヒーを淹れる | 89

LE CLEVER® COFFEE DRIPPER
（クレバーコーヒードリッパー）

ABID®（Absolutely Best Idea Development）という台湾の会社が開発したドリッパー。浸漬法と透過法を組み合わせたスタイルだが、基本的には、湯に粉をしばらく浸すことで抽出する。

浸漬法の中で、カップに微粉が一番入りにくい方法だよ。

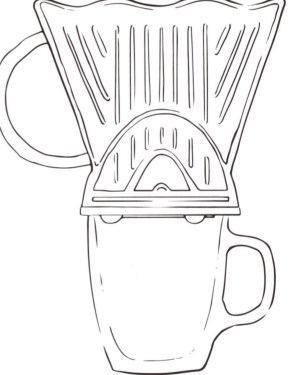

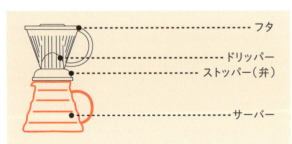

淹れ方

1. 水300mlほどを90〜92℃になるまで沸かす。温度計がない場合、沸騰後、フタをしない状態で45秒〜1分ほど待つとよい。

2. クレバーコーヒードリッパーにペーパーフィルターをセットする。湯を100mlほど通してすすぎ、下に落ちた湯を捨てる。

3. コーヒーの粉14gを入れたクレバーをデジタルスケールに乗せてはかり、その重さを引くために、目盛りを「0」にリセットする(風袋引き)。

4. タイマーを押して、湯200gを粉全体に行き渡るように注ぐ。フタをして2分30秒間、浸漬する。

5. サーバーまたはマグカップの上にクレバーを乗せると、ストッパーが自動的に開き、コーヒーが下に落ちる。1分ほどでドリップが完了する(それ以上かかるのは、コーヒーの粉が細かすぎたという印)。

コーヒーを淹れる

LE SIPHON（サイフォン）

1830年に発明されたサイフォンは、「真空濾過式コーヒーメーカー」とも呼ばれている。実験道具のようなフォルムも、コーヒーが抽出される様子も目に楽しく、演出効果の高い抽出器具だ。

この方式で淹れると、アロマの輪郭がはっきりとした、繊細でクリーンな味わいのコーヒーに仕上がるんだ。

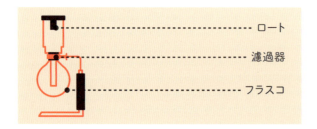

- ロート
- 濾過器
- フラスコ

サイフォンを買ってみた。という方へのアドバイス！

Hario®社のコーヒーサイフォンには、アルコールランプが付いているのだが、残念ながら火加減を調節できない。そのため、火をこまめに調節できるミニガスバーナーを購入することをおすすめする。

淹れ方

水300mlほどを90〜92℃になるまで沸かす。温度計がない場合、沸騰後、フタをしない状態で45秒待ってから使う。

ネルフィルターに湯を通してすすぐ。濾過器に付いているスプリングをロートの細い管の中に通し、管の先端部にひっかけて固定する。濾過器の上にネルフィルターを置き、ヘラなどを使って真ん中からズレないようにセットする。

フラスコの「2杯分」の目盛りまで水を入れる。フラスコにロートを乗せるが、まだ完全に差し込まない状態にしておく。ガスバーナーに火をつけて、フラスコの下に置く。

沸騰したら、フラスコにロートをしっかりと差し込む。水蒸気の圧力で、湯が管を通ってロートへと押し上げられる。湯がロートへ上がりきったら、ガスバーナーを調節して、湯の温度を90〜92℃にする(温度計でチェック)。

ロートにコーヒーの粉16gを入れてタイマーを押す。粉全体が湯に浸るようにパドルでかき混ぜる。そのまま1分間浸しておく。

ガスバーナーの火を消して、取り外す。フラスコ内が真空状態になり、重力と吸引力によって、抽出液がロートからフラスコへと落ちる。フィルターがあるので、粉はロート内に残る。抽出液は30〜40秒で完全に落ちる。それ以上長くかかる場合は、コーヒーの粉が細かすぎたという印なので、挽き目を調節したほうがよい。

コーヒーを淹れる | 93

L'HARIO® V60（ハリオV60）

日本のHARIO®（ハリオ社）製のV60は、その名が示す通り、角度が60°のV字型ドリッパーだ。

アロマとボディのバランスがとてもよいコーヒーに仕上がるよ。

淹れ方

水300mlを94℃になるまで沸かす。温度計がない場合、沸騰後、フタをしない状態で30〜40秒間待ってから使う。

コーヒーの粉12〜13gを入れたV60をサーバーの上に置き、全体をデジタルスケールに乗せる。その重さを差し引くために、目盛りを「0」にリセットする（風袋引き）。

V60にペーパーフィルターをセットして、湯100mlほどを全体にまわしかけて、紙の雑味を取る。サーバーに溜まった湯を捨てる。

タイマーを押し、まず湯25gを粉全体にかかるように注ぐ。均一に湿らせるために、パドルで優しくかき混ぜる。

粉が湯を吸って炭酸ガスが抜けて膨らむまで、30秒ほど蒸らしてから、さらに湯25gを粉の中心から外側へ、時計回りに渦を描くようにゆっくりと注ぐ。この時、フィルターに湯がかからないように気を付ける。デジタルスケールではかりながら、15秒で湯25gのペースで、200gになるまで注ぐ。抽出にかかる時間は大体、2分30秒〜3分。これより短いと、コーヒーの挽き目が粗すぎる、長いと細かすぎるという印だ。

コーヒーを淹れる | 95

LE CHEMEX® (ケメックス)

1941年にアメリカのピーター・シュラムボーム博士によって発明された。ドリッパーとサーバーが一体になった、砂時計のようなフォルムが美しい。

アロマが際立つ、軽やかで洗練された味わい。

- ドリッパー
- ウッドクリップ
- サーバー

ケメックス用のペーパーフィルターの折り方

他のペーパーフィルターよりも分厚く、アシメトリックに折って使う。3枚と1枚に分けて開き、3枚の側をドリッパーの注ぎ口に合わせるようにセットする。次頁では別の折り方を紹介する。

淹れ方

1 水1Lを94℃になるまで沸かす。温度計がない場合、沸騰後、フタをしない状態で30〜40秒待つとよい。

2 ペーパーフィルターを折り、ケメックスにセットして、紙の雑味を取り除くために、湯500mlをまわしかける。いったんフィルターを外し、湯を捨ててから、フィルターを戻す。

3 コーヒーの粉30〜35gを入れる。ケメックス全体をデジタルスケールに乗せて、その重さを差し引くために、目盛りを「0」にリセットする（風袋引き）。

4 タイマーを押す。デジタルスケールではかりながら、湯100gを、粉全体を湿らす程度に注ぐ。粉が湯を吸って、炭酸ガスが抜けて膨らむまで、そのまま45秒ほど蒸らす。

5 湯100gを粉の中心から外側へ、また外側から中心へ、時計回りに渦を描くようにゆっくりと注ぐ。30〜40秒で湯100gのペースで、500gになるまで注ぐ。

抽出にかかる時間は大体、3分30秒〜4分。これより短いと、コーヒーの挽き目が粗すぎ、反対に長いと細かすぎ、ということになり、うまく抽出されない。

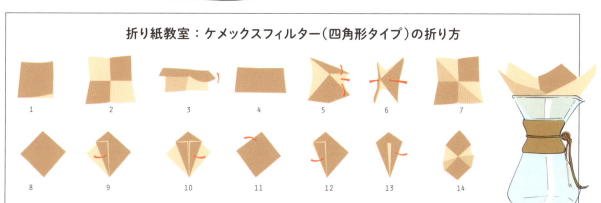

折り紙教室：ケメックスフィルター（四角形タイプ）の折り方

コーヒーを淹れる | 97

LE KALITA® WAVE（カリタウェーブ）

メイド・イン・ジャパンのカリタウェーブは、底に小さな穴が３つ空いたドリッパー。波打った形状をした、専用のウェーブフィルターを使用する。

このドリッパーで淹れると、香り高いコクのあるコーヒーができるよ。

淹れ方

水400mlを94℃になるまで沸かす。温度計がない場合、沸騰後、フタをしない状態で30〜40秒待ってから使う。

ドリッパーにウェーブフィルターをセットして、その中心に湯を少しかけてドリッパーに固定する。サーバーに溜まった湯を捨てる。V60やケメックスのように、湯をまわしかけて、紙の雑味を取り除く必要はない。

ドリッパーにコーヒーの粉18gを入れてサーバーにセットし、デジタルスケールに乗せる。その重さを差し引くために、目盛りを「0」にリセットする（風袋引き）。

タイマーを押す。湯50gを粉全体に浸透させるように注ぐ。粉が湯を吸って、炭酸ガスが抜けて膨らむまで、そのまま40〜45秒ほど蒸らす。それから、湯50gを粉の中心から外側へ、時計回りに渦を描くようにゆっくりと注ぐ。フィルターに湯がかからないように気を付ける。湯がひいて粉の表面が出ないように、再び湯50gを注ぐ。これを繰り返して300gになるまで注ぐ。3分ほどで淹れ終わるようにする。これより短いと挽き目が粗すぎ、反対に長いと細かすぎ、という印で、うまく抽出されない。

コーヒーを淹れる | 99

LA CAFETIÈRE MOKA（モカポット）

ルイ・ベルナール・ラボーというフランス人が1820年に発明した「洗濯釜」からヒントを得た直火型の抽出器。イタリア人のアルフォンソ・ビアレッティが1933年に特許を取得したこともあり、「マキネッタ」と呼ばれることもある。Bialetti®（ビアレッティ）社が今も製造を続けていて、長く愛されている。アルミニウム製が定番だが、ステンレス製もあり、フォルムやサイズもいろいろある。

透過法 ／ 1分 ／ ×3 ／ 150ML ／ 15G ／ 挽き目（P.27参照）

うまくいけば、エスプレッソコーヒーに近い、力強く濃厚な味わいのコーヒーができる（コーヒーの濃度が高い）。エスプレッソマシンの圧力は8〜10気圧だけど、モカポットは1.5気圧程度。抽出の仕組み上、湯があまりにも高温になるので、苦味が出やすい。ちょっとしたコツがいる器具だ。

- フタ
- サーバー
- フィルターバスケット
- ボイラー

淹れ方

フィルターバスケットにコーヒーの粉15gを入れ、縁をトントンと軽く叩いて、粉の密度を均一にする。上から強く押し込まないようにする。

ケトルで水を80℃まで沸かす。あらかじめ湯を沸かしておくと、モカポットを直火にかける時間が短くなり、コーヒーの粉が焼けるほど熱くなるのを防ぐことができる。ボイラーの安全弁の下まで湯を入れる（約150ml）。

ボイラーにサーバーを取り付けて、そのまま弱火にかける。抽出具合をチェックするために、フタは閉めないでおく。

コーヒーが管を通って下から上に押し上げられてきたら、さらに火を弱める。1分待ってから火からおろす。空焚きにならないように気を付ける。抽出が1分以下で終わると挽き目が粗すぎる、1分以上かかると細かすぎるという印。

LA CAFETIÈRE ÉLECTRIQUE
（コーヒーメーカー）

1950年代に開発されたが、家庭に普及したのは1970年代になってから。

> ハンドドリップで淹れるV60よりも酸味が控えめな、安定した味のコーヒーができる。
> ただ、香りが開きにくく、平板な味になりやすい。

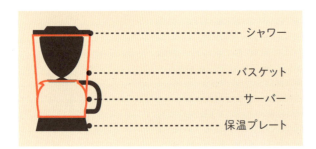

重力による抽出法！

タンクに入れた水がヒーター部へと流れ、90℃以上に加熱される。湯が管を通ってシャワーへと送られ、バスケットに入れたコーヒーの粉にまんべんなく、ゆっくりと拡散される。コーヒーは重力によって抽出され、バスケット下のサーバーに落ちる。

淹れ方

1. ペーパーフィルターに湯200ml以上をまわしかけて、紙の雑味を取り除く。コーヒーの粉を入れずに、タンクに水を入れてスイッチを押し、フィルターに湯を通してもよい。
サーバーに溜まった湯を捨てる。フィルターに粉を入れる。

2. タンクに水を入れる。

3. 好みの時間にタイマーをセットするか、すぐに抽出を始める。

4. 抽出したコーヒーを長時間保温しないようにする。すぐに飲むか、サーモスマグ（魔法瓶）に移して、20〜30分以内に飲んだほうがよい。それ以上経つとコーヒーが酸化し、味が落ちてしまう。

上級者編

特別なフィルターコーヒーに仕上げるための秘訣

どの抽出法であっても、フィルターコーヒーを美味しく淹れるためには、いくつかのポイントを押さえる必要がある。後は、少しの経験と好奇心があればきっとうまくいく。

コーヒー豆の挽き目

細挽きにすると表面積が広くなり、湯と接触する面積が広くなるため、成分がより多く溶け出す。フィルターコーヒーを美味しく淹れるためには、エスプレッソよりも粗く、なるべく均一な大きさになるように挽くべきである。細挽きは過抽出になりやすく、風味がぼやけて、苦味が出やすくなる。挽き目は抽出法、コーヒーの量（つまり水の量）、フィルターの種類に合わせて調節する必要がある。

湯温

コーヒー成分の大部分は高温で溶け出す。ベストな温度は92〜95℃だ。

温度調節

ぐらぐらと沸騰した熱湯で淹れると、雑味が出てしまう。一方で、十分に熱くないと、アロマが十分に引き出されない。また、湯温はコーヒー豆の焙煎度によっても調節したほうがよい。深煎りの場合は少し低めにする（92℃またはそれ以下）。浅煎りの場合は高めにする（94〜95℃）。

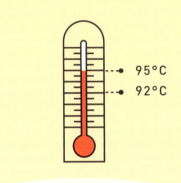

挽き目を調節する

浸漬法

コーヒーの状態	原因	解決法
苦味、渋味が強く、嫌な後味が残る。	過抽出	挽き目をより粗くする。
酸味が強すぎて、塩味を感じる。	抽出不足	挽き目をより細かくする。

透過法

コーヒーの状態	原因	解決法
苦味、渋味が強く、嫌な後味が残る。	過抽出	挽き目をより粗くすると、抽出時間が短くなる。
抽出時間が早すぎる。	抽出不足	挽き目をより細かくすると、抽出時間が長くなる。

104 | Faire un café

コーヒーの粉と湯の割合

フィルターコーヒーは、エスプレッソコーヒーよりも濃度が10倍低い。エスプレッソコーヒーに比べて、粉の分量が少なく、湯量が多い。湯1Lあたりの粉の分量は大体、55〜80gである。

濃度を調節する。

55g/Lの場合：
軽やかなコーヒー

80g/Lの場合：
濃厚なコーヒー

湯1Lあたりの粉の量を増やしたり減らしたりして、黄金比率を見つけよう。

抽出時間

コーヒーの粉を湯に浸す時間によって、抽出される成分の量が違ってくる。良好な成分を十分に引き出し、好ましくない成分を極力抑えるための絶妙なタイミングがある。抽出時間が短すぎると香味が弱く、長すぎると雑味が出てしまう。

攪拌

コーヒーの粉に湯を注いだ後、スプーンやパドルでかき混ぜることで、湯が粉全体にしっかりと浸透し、全ての成分が同時に抽出される。攪拌すると、早く均一に抽出できる。一定のリズムで続けて混ぜるのがコツで、美味しいコーヒーを淹れるための所作のひとつだ。

特別な一杯に仕上げる方法

それぞれの抽出条件がコーヒーにどのように作用するのか把握するために、抽出条件を変えて比較してみるとよい。

1. 基本条件で1杯目のコーヒーを淹れる。コーヒー豆の挽き目を変えて（粗くする、または細かくする）2杯目のコーヒーを淹れる（できれば、粗挽き、細挽きで2杯淹れるとよい）。テイスティングをして、一番美味しい挽き目をメモしておく。
2. 一番美味しい挽き目の粉を使って、今度は粉と湯の割合を変えてみる。味を比較してメモする。
3. 自分の好みに一番合う粉と湯の割合で、次は湯温を変えてみる。

アイスコーヒー

淹れ方はフィルターコーヒーと同じだが、冷たくして飲む。近頃ブームになっている、暑い夏にぴったりのクールな飲み物だ！

お湯出しアイスコーヒー

「日本式」の淹れ方で、コーヒーを湯で抽出し、たっぷりの氷で冷やして飲むという斬新なドリンクだ！「急冷式」とも呼ばれる。

水出しアイスコーヒー

湯で抽出するアイスコーヒーとは特徴が大きく異なる。酸味がほとんどなく、まろやかで甘みのある、さらにはまったりした味わいになる。コーヒーショップでは、デザインがお洒落なボトル入りでよく販売されている。

水出しアイスコーヒーの伝統的な淹れ方

1 前日に、フタ付の容器にコーヒーの粉を入れて、粉全体がしっかりと浸るように水を注ぎ入れる。フタを閉めて冷蔵庫に入れ、12〜16時間ほど置いておく。

2 翌日、ネルフィルターをセットした漉し器をサーバーの上に持ってきて、1のコーヒーを漉し、氷を入れる。

COLD BREW（コールドブリュー）

ここで解説するメソッドはちょっとした理科の実験のようだ！

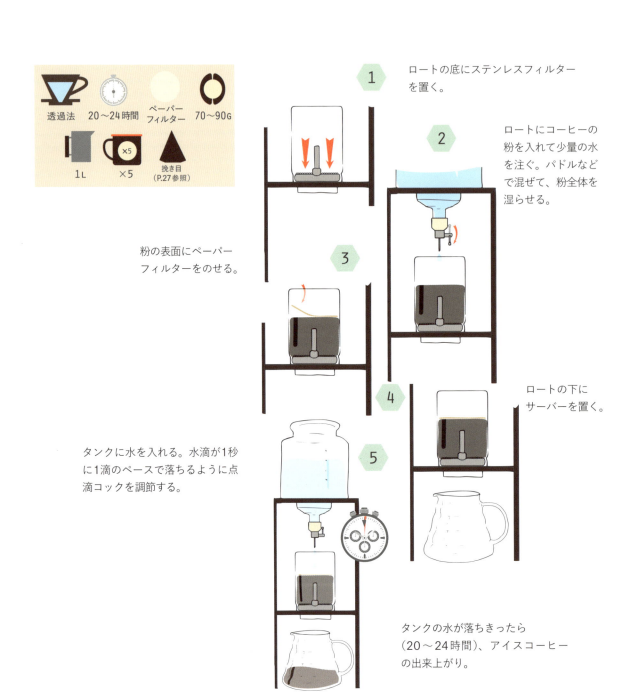

CAFÉ GLACÉ À LA JAPONAISE
（ジャパニーズ・アイスコーヒー）

熱々のコーヒーを注ぐと、氷が溶けて薄くなるので、コーヒー豆は香り高い、酸味が強めのタイプを使用したほうがよい。さらに、抽出と氷には同じ水を使うことをおすすめする。

溶けない氷で作るアイスコーヒー

湯200mlにコーヒーの粉12〜13gの割合で、普通にフィルターコーヒーを淹れることもできるが、この場合、コーヒーを冷やす時に、溶けないアイスボールを使う。十分な量を用意するようにしよう。

1. 湯250mlを94℃まで沸かす。温度計がない場合、沸騰してから、フタをしない状態で30〜40秒待つとよい。

2. Hario®V60に、ペーパーフィルターをセットして、湯100mlをまわしかける。サーバーに落ちた湯を捨てる。

3. サーバーの半分まで氷を入れる。ドリッパーにコーヒーの粉17gを入れる。全体をデジタルスケールに乗せて、重さを差し引くために目盛りを「0」にリセットする（風袋引き）。

4. タイマーを押す。コーヒーの粉全体を湿らすように、湯50gを注いでかき混ぜる。30秒蒸らした後、湯50gを時計回りに、渦を描くようにまわしかける。1分経ったら、さらに湯50gを同様に注ぐ。抽出は1分45秒〜2分ほどで終わる。

CHAPITRE 3 第3章

TORRÉFIER
コーヒーを焙煎する

焙煎

焙煎はうっとりするようなコーヒーのアロマを引き出すために、生豆をローストする工程である。生豆と機械を熟知しなければならないローストマスターの仕事は、長年の経験と卓越した技量を要する。バリスタも、生豆を厳選し、その素質を十分に開花させるために、焙煎に関する基礎知識をしっかりと身につける必要がある。

焙煎機（コーヒーロースター）

生豆を炒る機械には、容量(100g〜数百kg)、加熱方式(ガスまたは電気)、構造などによって様々なモデルがある。最も普及しているのはガスによる直火式のドラム型焙煎機だ。このタイプを使用して自家焙煎をすると、190〜230℃の温度で、10〜20分かかる。

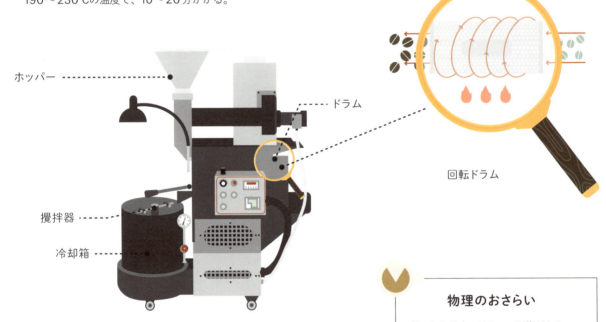

自家焙煎

焙煎機では、主に対流熱、伝道熱によって、熱が生豆に伝わる。輻射熱を利用したものもあり、安定した焙煎が可能だ。
焙煎職人は以下の調整を行う。
- 熱源
- 生豆を取り巻く熱風量（対流熱のコントロール）
- 生豆に接触するドラムの回転速度（伝道熱のコントロール）

焙煎が終了したら、余熱で焙煎が進まないようにするために、豆をすぐに冷却箱に移し、攪拌しながら、吸気によって冷却する。

物理のおさらい

熱の伝わり方には3つの形態がある。

- 対流（流体が移動することにより熱が伝わる）

- 伝導（物体に接することで熱が伝わる）

- 輻射（物体が熱を電磁波として放出）

工業用焙煎機

メーカーの多くは、急速方式（400℃で10分以下）または「フラッシュ」方式（高速焙煎／800℃で90秒）を採用している。これらのテクニックでは、香りも味も十分に引き出せない。「フラッシュ」にいたっては、豆の冷却に霧状の水を吹きかけざるを得ない。購入したコーヒーの粉がこの方法で焙煎されたものかどうか確認する方法がある。冷凍庫に入れてみて、粉が凝固したら、残念ながら、法的に許容されている最大含水量である5%の水分を含んでいるということだ。

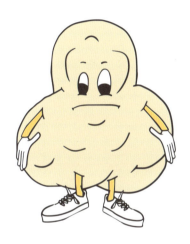

家庭焙煎

生豆を家庭で焙煎することだってできる。

どんな生豆を選ぶ？

生豆は焙煎職人の店で買うことができる。焙煎後、質量が11〜22%ほど減ることを考えて必要な分量を買おう。まずは焙煎しやすい品種とタイプを選ぶ。例えば、ブルボン、パカス、カトゥーラ、カトゥアイなどのウォッシュド（水洗式）で精製された生豆がおすすめだ。

家庭用の小型焙煎機を買う

生豆をフライパンで炒るという発想は忘れよう。できないことはないが、熱対流と攪拌が必要なので十分に焙煎できない。1度に80〜500gをローストできる小型焙煎機が各種あり、家庭でコーヒーを楽しむには申し分ないサイズだ。

> 生豆の投入量：1回で焙煎する生豆の量

流動床型焙煎機

ポップコーンマシンを少し改造したような機械で、対流伝熱システムが備わっている。焙煎時間のみ調整する。

ドラム型焙煎機

熱源（温度と時間）をより細かく調整できる。価格は手頃なものから、かなり高額なものまで幅があるが、業務用の焙煎機のように豊かな香りは期待できない。それでも、自分で焙煎するという楽しみ、いつでも焙煎し立ての香ばしい豆が手に入り、焙煎具合も自由に選べるという喜びを感じられる。

生豆と焙煎

焙煎が進むにつれて、生豆の状態が変化していく。

生豆の状態 　　　　焙煎工程 　　　　香りの表出

生豆の状態

緑色から黄色へと変わる。
水分が少なくなる。
吸熱反応が起こる
（豆が熱を吸収する）

豆に含まれる水分が熱で
蒸発する。
↓
豆内部に炭酸ガス（CO_2）が
発生する。
↓
豆内部の圧力が
25気圧まで上がる。
↓
1ハゼ：豆からパチパチと
はじける音がする。

膨張して体積が1.5〜2倍になり、
質量が最低でも11%減る。
豆から熱が放出され（発熱反応）、
褐色になる
（ストレッカー分解反応）。
「チャフ」（シルバースキン）が
剥がれ落ちて、回収箱に溜まる。

焙煎が進み、CO_2が
さらに発達する。
↓
2ハゼ

豆が褐色になり、さらに
色が濃くなる。焙煎をさらに
続けると、質量が22%まで減る。
発熱反応が起きる。

2ハゼの後、熱分解が起きる。
豆の油分が表面に滲み出る。
豆が炭のように黒くなり、
火が付くリスクがある。

焙煎工程

蒸らし（乾燥）　A

3分

B　1ハゼ　10分

進行　C

D　2ハゼ　16分

熱分解

E　20分

香りの表出

蒸らしの段階で、3〜4種の
香りが出てくる。

2つの反応で、香りと味が
生成される。
●メイラード反応：豆内部の
水分が5%以下になると、糖が
タンパク質の分解から生じたア
ミノ酸と化学反応を起こす。
●カラメル化反応：水と蔗糖が
化学反応を起こす。

焙煎が進むにつれて、酸味が
少なくなり、苦味が増してくる。
再び吸熱反応が起こる。

焙煎の終了後、800種近くの
香りとともに、風味、酸味、
甘み、ボディが生まれる。
焙煎によって、好ましくない
風味が出てしまうこともある。

この段階までくると、
香りが失われ、苦味が強くなる。
酸味が消え、厚みがなくなる。

焙煎と豆の温度

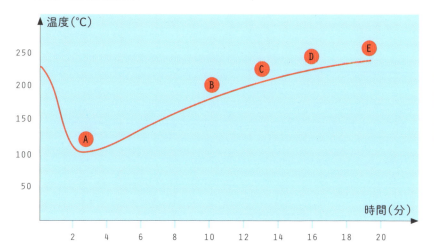

色は目安になる?

焙煎度を特定するための、万国共通の色基準というものは存在しない。全体の焙煎時間のなかで、1ハゼが起きる時点を目安にするのがよい。

焙煎とカフェインの量

生豆中のカフェイン含有量(アラビカ種で質量に対し0.6〜2%)は、焙煎度が深くても浅くても、ほぼ変わらない(昇華するのは約10%)。

一方で、深く煎るほど豆の質量が減るため(11〜22%)、必然的にカフェイン含有率が上がることになる。

今、世界のトレンドは、浅煎りへと向かっている

焙煎がかなり進むと、ローストの香味(カラメル、スモーク、苦味、焦げ臭)が強くなり、豆本来の香りが隠れてしまう。浅く炒ることで、コーヒーそのものの複雑な香りを保つことができる。焙煎職人は自分が強調したい香りと味わいのバランスを見極めなければならない。例えば、酸味がより強く、香りの幅が広い豆に仕上げたい時は、ボディが軽くなりやすい。

酸味を好む方へ!

浅く炒ると豆本来の酸味が強く表れる。焙煎時に生じる熱が、40種ほどのクロロゲン酸(よい酸とみなされる有名なポリフェノール)を壊し、渋みの原因となるコーヒー酸とキナ酸に分解される。クエン酸やリンゴ酸などの他の有機酸のほとんどは、浅煎りの段階で最高濃度に達し、その後、徐々に減少していく。以上の理由により、短時間で浅く焙煎することで、酸味のポテンシャルをより引き出すことができる。

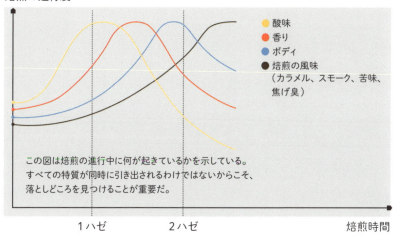

焙煎スタイル

美味しいコーヒーを淹れるための焙煎方法は1つだけではなく、多様である。焙煎職人は、焙煎温度や時間などを調整しながら、それぞれのコーヒー豆のタイプに合った香味のハーモニーを生み出す。

ロースト・プロファイル（焙煎の設定条件）

それぞれの生豆は、産地、品種、栽培方法、精製方法などから受け継いだ固有の香りと風味のポテンシャルを秘めている。このポテンシャルを引き出すのが焙煎職人のミッションである。加熱時間や火力の設定だけでは、焙煎具合を決めるには十分ではなく、ロースト・プロファイルと呼ばれる、各工程での細やかな温度管理が必要となる。焙煎職人はこのプロファイルを試行錯誤しながら磨き上げ、コーヒー豆の様々な特徴（第一印象、酸味、香り、ボディ、甘み、後味など）を引き出すのだ。同一の生豆でも、焙煎方法を変えることで、特徴の全く異なるコーヒーに仕上がる。例えば、一方は酸味の強いコーヒー、もう一方はスパイスの香りが際立つ、ボディのしっかりしたコーヒー、というように。焙煎職人は自分のコーヒーを様々に「演出」し、独自のスタイルを刻み込む。

見かけにだまされないように！

同じような色合いの2つの焙煎豆は、同じロースト・プロファイルをたどったと言えるだろうか？　答えは「ノー」だ。出来上がりの豆の色と、焙煎の開始時と終了時の温度が同じであったとしても、焙煎豆、さらには1杯のコーヒーの特徴が同じになるというわけではない。豆の色は煎り止めの時点を示す目安に過ぎない。ロースト・プロファイルとは煎り止めに達するまでの道程であり、豆の色合いは同じであっても、たどった道程によって、個性に大きな違いが出る。

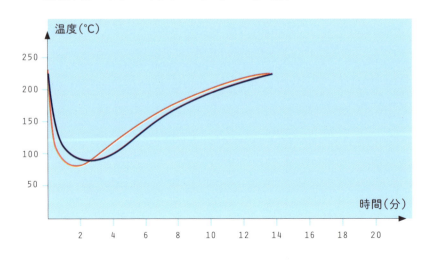

2つのカーブは、
ロースト・プロファイルを
示している。
投入温度と煎り止め温度は
同じだが、
1杯のコーヒーにした時の
味わいは異なるだろう。

どの焙煎度を選ぶ？

抽出法に合わせて焙煎度を変えたほうがよい豆もあれば、1つの焙煎度を設定するだけで十分な豆もある。

豆の種類に合わせて

豆の種類によっては、その豆にぴったりの淹れ方というものが存在する。この場合、焙煎職人は1つの焙煎度のみを提案する。バリスタは、自ら選んだ豆に合わせて淹れ方を決める。

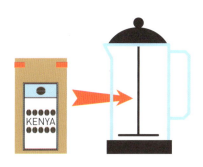

抽出法に合わせて

味のバランスは抽出法に影響される。同じ豆でも、フィルターコーヒーの場合、湯に3分浸したら苦味が増し、エスプレッソコーヒーの場合、20～30秒で抽出したら酸味が増すことがある。酸味と苦味のバランスを取るために、多くの焙煎職人は、抽出法に応じて焙煎度を変えている。

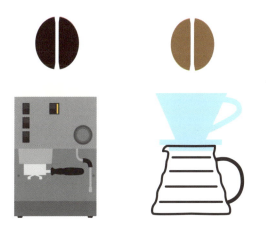

同じ生豆でも、それぞれの抽出法に適した焙煎度がある。

習慣に合わせて

それぞれの国に、長く親しまれている飲み方、焙煎度がある。例えば、フィルターコーヒーを飲む習慣のある北欧の国々では、浅煎り豆が好まれ、エスプレッソコーヒー大国である地中海沿岸の国々では、深煎り豆が好まれる。この現象は同じ国の中でも顕著で、イタリア国内でも南下するにつれて、焙煎度がさらに深くなる。

ブレンドか、シングルオリジンか？

コーヒーには、1つの産地で栽培された豆のみを使用するシングルオリジンと、複数の産地で栽培された豆を混合するブレンドの2種類がある。

シングルオリジン

シングルオリジンには様々な定義があるが、最も広く認められているのは、ある農園の一区画で収穫された生豆、というように、単一のテロワールで栽培されたコーヒーチェリーの生豆のことを指す。範囲を拡大して、複数の農園で栽培されたコーヒーチェリーを合わせて、1つのウォッシング・ステーションで精製したものを、シングルオリジンということもある。このタイプのコーヒー豆は、経験豊かなカップテイスターをも熱狂させる、独特な個性を秘めている。専門家は豆を通じて、テロワール（土壌の質、気候、日照など）、栽培、収穫、精製方法を特定し、評価することができる。

究極のシングルオリジンを求める、のはいいけれど……。

「完璧主義者」にとっては、シングルオリジンは、単一のテロワールだけでなく、単一品種で作られたものでなければならない。しかし、これほどのこだわりは、サステイナビリティーの観点からみると問題がある。生産者にとっては、複数の品種を栽培することが大切だからだ。自分の農園の様々な標高に合わせて、栽培する品種を選び、農園全体に病気や寄生虫が広がるリスクを防ぎ、複数の品種を混ぜ合わせて個性のあるコーヒーに仕立てることが重要になる。

ブレンド

複数の産地（地域、国…）で栽培された豆を調合したものをいう。大手メーカーは主にこのタイプを生産していて、複数種の豆の割合を調整して組み合わせることで、バランスの取れた、常に安定した味わいのコーヒーを提供することができる。しかし、それだけではない。それぞれの豆の持ち味を生かして上手に配合すると、1種類で味わう時よりも美味しいコーヒーを作り出すことができる。

バルザックもオリジナルブレンドを作っていた。

フランスの文豪、バルザックは、「現代興奮剤論」というエッセーで、大のコーヒーマニアであることを明かした。複数の品種を探し求めてパリ中を歩き回り、自分でブレンドしていたほどである。「彼はブルボンをモン・ブラン通り（ショッセ・ダンタン）で、マルティニークを崇高な仕事を忘れたことのないヴィエイユ・オドリエット通りの店で、モカをサンジェルマン界隈のユニヴェルシテ通りの店で買っていた」（レオン・ゴズラン著、「スリッパ姿のバルザック」より）

コーヒーパックは抽出法に合わせて選ぼう

エスプレッソタイプの抽出法は気まぐれだ！　そのため、失敗の少ないブレンドを使うほうがよい。より扱いやすく、バランスのよい安定した味を再現できる回数が増える。上手に配合したブレンドは、それぞれの豆の個性が調和していて（ブラジル産の甘み、エチオピア産の酸味など）、この抽出法の困った問題、家庭用エスプレッソマシンの不安定さを補ってくれる。

浸漬法／透過法は、洗練された豆の繊細なニュアンスを引き立ててくれる。この抽出法に合わせたスペシャルティコーヒーは、主にシングルオリジンとして仕立てられる。一方で、香りの幅をより広げるために、この抽出法にふさわしいブレンドを提案する焙煎職人もいる。

オリジナルブレンドを作ってみる

誰でも自分だけのマイブレンドコーヒーを作ることができる！ 3つの基本をおさえれば、あとは自分の好みに合わせて配合するだけ。

目標を定める

ブレンドを始める前に、まず、淹れ方（エスプレッソ、カプチーノ、フィルターコーヒーなど）、引き出したい特徴（豊かな香り、濃厚さ、フルーティー、バランスのよい、など）を決める。

プロのカッピング
プロの世界では、豆一つ一つを入念にテイスティングして（P.124〜125参照）、互いに引き出し合うことのできる特徴を探し出す。

産地を選ぶ

中央アメリカのコーヒー
コスタリカ、エルサルバドル、グアテマラの豆は、エスプレッソコーヒー向きの素晴らしいシングルオリジンだ。
特徴：複雑な香り、酸味
配合比率：最高品質の豆であれば、単独でも（ブレンドしなくても）十分に力を発揮するだろう。
仕上がり：上質な味わいの、バランスの取れたコーヒー。

南アメリカのコーヒー
エスプレッソ用ブレンドのベースにぴったり。
特徴：甘み、しっかりとしたボディ、クリーン、ほどよい酸味、偏りのない香り。
配合比率：多めに入れる（100%のものもある）。
仕上がり：抽出しやすく、誰からも好まれるような定番の味わい。

アジアのコーヒー
特徴：ボディがしっかりしている（ベトナム、インドネシア）。モンスーン・マラバールのヨードのニュアンス、驚きのクレマなど、独特な風味と個性を備えている（P.177参照）。

アフリカのコーヒー
特徴：フルーティー、フローラルな香り、すっきりとした酸味（ヤシの実を思わせるケニアの豆など）が際立つ、複雑な香味を備えたコーヒー。
仕上がり：グアテマラなどの中央アメリカの豆に少し似た、一部のタンザニアのクリュ以外は、さらっとしたボディのコーヒーができる。

絶妙な配合比率を見つける

ブレンドする豆は、3〜4種にとどめたほうがよい。それ以上になると、個々の特徴がぼやけてしまい、個性のないブレンドになってしまう。
まず、それぞれの産地の豆をほぼ同じ比率で配合してみる（2種の場合／50%：50%。3種の場合／33%：33%：33%など）

● 他の豆よりも特徴が強く出過ぎている豆がある場合。
　→ その豆の比率を半分に減らしてみる。
● 他の豆よりも特徴が目立たない豆がある場合
　→ その豆の比率を倍に増やしてみる。
ブレンドの一例：ブラジル50%、グアテマラ25%、エチオピア25%

ラベルの読み方

コーヒーは、スーパーマーケット、コーヒーショップ、焙煎職人による直売、専門のウェブサイトなど、いろいろな場所で購入することができる。自分の好みに合うコーヒーを確実に入手するために、ラベルの読み方を知っておきたい。

ラベルを読みとく

コーヒーパッケージのラベルには、上質なコーヒーを選ぶために必要な情報が表示されている。

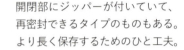

ガス抜きバルブ
ヒートシールで接着されている。コーヒー豆から出るガス(CO_2)を外に出し、外気の侵入を防ぐ機能(酸化防止)を兼ね備えている。

トレーサビリティ
原産国、地域、生産者、収穫年(パストクロップを避けるため／P.140参照)。

おすすめの淹れ方(抽出法)
テロワール、品種、焙煎方法などに応じて、高圧式、浸透圧式のどちらに適しているかが示されている。

内容量(グラム)
フランスでは250gがスタンダードだが、300g、500g、1kg(主に業務用)などのサイズもある。

ジッパー
開閉部にジッパーが付いていて、再密封できるタイプのものもある。より長く保存するためのひと工夫。

コーヒーの銘柄
産地、ウォッシング・ステーション、農園、生産者、ロット番号などによって付けられる。

補足情報
標高、品種、精製方法

焙煎日
コーヒーの香味は鮮度に左右される。浸透圧式の場合、焙煎日から5日、高圧式の場合、1週間以上(できれば2〜3週間)待ってから使用したほうがよい。

賞味期限
賞味期限は目安でしかない。保存がより長く効くコーヒーもある。一番いいのは味見してみることだ。

マーケティングの罠に注意!

「コーヒーの濃さ」
特段の説明がない限り、この表示(数値または「ストロング」、「マイルド」などの言葉で表す)は、コーヒーの味わいを示す役立つ情報というよりも、マーケティング上の効果を目的とした情報と言える。コーヒーの濃度は、一杯分のコーヒーの粉の分量と抽出法、つまり淹れ方によって決まる。スーパーマーケットのコーヒーパックに表示されている「濃さの段階」は、主に「焙煎度」または「挽き目」、言い換えれば「苦味」を表している。

「アラビカ100%」
良質なコーヒーがアラビカ種であることは言うまでもない。

「じっくり焙煎」
たしかに、時間をかけた焙煎は高速焙煎よりもよいのだが、ロースト・プロファイルが適切だったかということまではわからない。プロファイルによって、焙煎時間が12分のほうが18分よりも良好な仕上がりになる場合もある。したがって、じっくり時間をかけて焙煎した、ということは、必ずしも、品質がよいことを示すわけではない。

スペシャルティコーヒーの買い方

予め挽いた豆を買うと、十分な品質が保証されず、保存も長く効かないことが多い。絶妙な挽き具合で、鮮度のよいコーヒーを提供できるのはスペシャリストだけだ。

焙煎職人の店で買う

情熱的な焙煎職人は、焙煎日、栽培条件、香り特性、最適な抽出法などを教えてくれる頼もしい存在だ。オーダーに合わせて挽き目を調整したり、家庭での適切な挽き方をアドバイスしたりしてくれる。

腕のいい焙煎職人の見分け方

1. 生豆が密封効果のあるサイロまたは容器で保管され、外気から保護されている。
2. 店頭に並んでいる焙煎豆の色が、明るめの褐色である(焙煎の管理の目安)。
3. 扱っている豆の種類がそれほど多くない(15種以下)。これは新鮮な豆を提供している、ロースト・プロファイルの管理ができていることを示す。

避けるべき焙煎職人

1. 生豆の麻袋が日の当たる場所や、地面に無造作に置いてある場合、保管状態が適切ではない。つまり、保存期間が短くなる。
2. 収穫年が前年である「パストクロップ」を販売している。
3. 焙煎豆の色が黒ずんでいて、表面が油分でテカテカと光っている。深く煎りすぎて、苦味が強くなっている可能性がある。

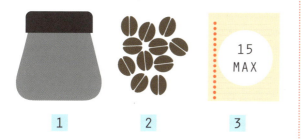

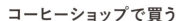

コーヒーショップで買う

バリスタは焙煎職人と密接に協力し合い、素晴らしい品質のコーヒーを袋入りで販売している。その場で味見させてくれる店もある。バリスタが自ら厳選しているので、それぞれの豆の特徴を熟知していて、おすすめの淹れ方を伝授してくれる。遠慮なく、いろいろと聞いてみよう!

カップ・オブ・エクセレンス

コーヒーのエキスパートが、生産国の政府、NGOと協力して、1999年に発足した品評会。
各生産国において、その年の最高のコーヒー豆を選出するために開催される。国際審査員による品評後、上位入賞した豆は、インターネットオークションにかけられる。「最高中の最高のコーヒー」として「カップ・オブ・エクセレンス」の称号を授けられた生産者であれば、高品質で調和の取れたコーヒーを私たち消費者に約束してくれるはずだ。

コーヒー豆の保存方法

生豆は、保存がなかなか難しいデリケートな作物だ。焙煎したら、さらに劣化しやすくなる。アロマをできるだけ長く保つために、家庭で気を付けるべきポイントがいくつかある。

生鮮食品ではないが、劣化しやすい

コーヒーは、消費期限を過ぎると衛生上の問題が発生する生鮮食品ではなく、賞味期限を過ぎても問題が発生しない食品に分類される。ただし、賞味期限を過ぎると、風味や栄養価が落ちる可能性がある。豆の状態であっても、挽いて粉にした状態であっても、保存方法は同じである。だが、粉にしたものは、空気との接触面積が広くなり、挽く工程で天然の防腐成分であるCO_2（その圧力が酸素を遮断する）が拡散するため、より早く劣化する。

コーヒーが嫌うもの
- 高温
- 酸素
- 湿気
- 過度な乾燥
- 日光

家庭での保存場所

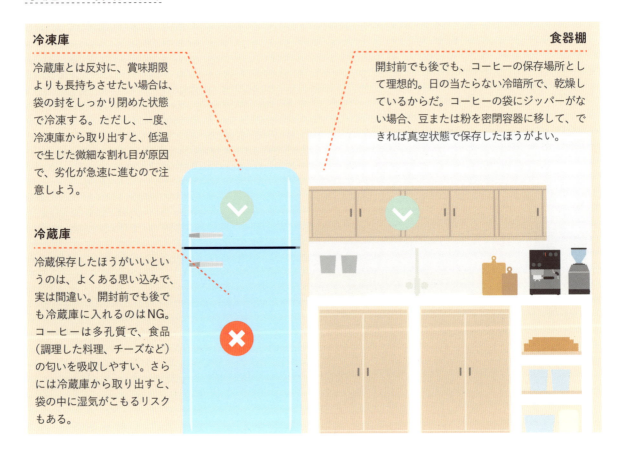

冷凍庫
冷蔵庫とは反対に、賞味期限よりも長持ちさせたい場合は、袋の封をしっかり閉めた状態で冷凍する。ただし、一度、冷凍庫から取り出すと、低温で生じた微細な割れ目が原因で、劣化が急速に進むので注意しよう。

冷蔵庫
冷蔵保存したほうがいいというのは、よくある思い込みで、実は間違い。開封前でも後でも冷蔵庫に入れるのはNG。コーヒーは多孔質で、食品（調理した料理、チーズなど）の匂いを吸収しやすい。さらには冷蔵庫から取り出すと、袋の中に湿気がこもるリスクもある。

食器棚
開封前でも後でも、コーヒーの保存場所として理想的。日の当たらない冷暗所で、乾燥しているからだ。コーヒーの袋にジッパーがない場合、豆または粉を密閉容器に移して、できれば真空状態で保存したほうがよい。

コーヒーパックの種類

コーヒーの包装は、鮮度をできるだけ長く保つために、時とともに進化してきた。

クラフト紙、積層フィルムの袋

　もっともシンプルでコストがかからない。

　バルブが付いていないため、炭酸ガスが自然に抜けない。保存が不十分。

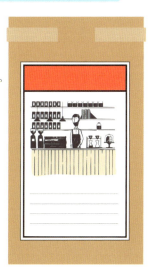

賞味期限　未設定

再密閉できるジッパーとガス抜きバルブの付いた袋

　保存期間が長くなる。開封後も閉め直すことができる。

　コストがかかる。

鮮度にこだわる焙煎職人の多くが採用しているタイプ

賞味期限　未開封の状態で3か月。開封後は数日で鮮度が落ちる。

ガス置換包装

　規模の大きい焙煎業者、大手メーカーが使用しているタイプ。

　保存方法としては最も効果的。不活性の窒素ガスを充填することで、コーヒーオイルの酸化の原因である酸素を除去することができる。ガス抜きバルブが付いている。

　設備と物流にコストがかかる。

賞味期限　最大で1年

真空パック（バルブ付き／なし）

　主に大手メーカーで採用されている。

適切な保存。

真空工程で、揮発性の香り成分の一部が吸い取られる。再密閉できない。

　未開封の状態で3か月。開封後は数日で鮮度が落ちる。

コーヒーを焙煎する　123

カッピング

コーヒーのロットの品質と安定性を評価するために、業界は、「カッピング」と呼ばれるテイスティングのための国際標準法を考案した。家庭でも試せる簡単で楽しい手法で、多種多様なコーヒーの魅力を発見することができる。

カッピングとは？

一定量のコーヒーの粉を湯に浸し、フィルターで漉さない状態で、以下の項目を評価する。

- 1ロットから採取した1つまたは複数のサンプルから、品質と香り特性を評価する。
- 欠陥があるかどうかを確認する。
- ブレンドしてみる。

この技法は、生豆のバイヤーが買い付ける豆を厳選するときに欠かせない。

必要な道具とルール

コーヒーに携わる様々な専門家（生産者、生豆のバイヤー、焙煎職人）が効率よく評価を行い、同じ条件下で対話ができるように、カッピングは、国際標準法で指定されたルールを厳守して行われなければならない。

カッピングボウルまたはグラス（200mlサイズ）

カッピングスプーン
（容量が8〜10mlの丸いスプーン。熱を早く拡散する銀製を用いる）

デジタルスケール：
個々のコーヒーの分量は12g。豆を挽く前の状態ではかる。

ミル（グラインダー）

ケトル：ミネラルウォーター
（できればボルヴィックなどの軟水）
200mlを92〜95℃になるまで沸かす。

タイマー：
湯にコーヒーの粉を
4分間浸す。

テイスティングノート

手法

コーヒーの粉を乾いた状態で嗅ぐ。
一定量の豆を挽き（フィルターコーヒー用の挽き目）、粉から揮発する香りを嗅ぐ。心地よい香りか、香りが広がるかどうか、何を連想させるか、を評価する。揮発性の香り成分をその場にとどめておくことはできないので、このステップは短い。次に他のサンプルを挽く時は、そのサンプルと同じ豆をまず適量挽いて、ミル内に残っている前のサンプルの粉を除去する。

コーヒーの粉を湯に浸した後で嗅ぐ。
コーヒーの粉に湯を注ぎ、タイマーを押す。粉が表面に浮いてきて、クラストができる。そのまま4分間、湯に浸しておき、香り成分を開花させる。

カッピングスプーンの背の部分でクラストを崩して、3回かき混ぜる（ブレイク）。この時点でカッピングボウルに鼻を近づけて、クラストから解き放たれた気体を吸い込む。

ほとんどの粉はボウルの底に沈む。表面に残った粉をスプーンですくって取り除く。その際、スプーンはこまめに、特に別の種類のコーヒーが入ったカッピングボウルに移る前に、水を入れたグラスに入れてすすぐ。

テイスティングノート（コーヒー手帳）

他の飲み物を評価する時と同様に、カッピングの各段階で感じた印象、香りや味わいを書き留めることが大切だ。以下の例のようなフォームがある。

同じコーヒーを熱いときから冷めるまで、段階的に口の中に含み、評価する。
カッピングスプーンですくったコーヒーを、空気を取り込むように勢いよくすする。こうするとアロマが口全体に広がり、後鼻腔香気を特定しやすくなる。アロマだけでなく、口の中に広がる質感も評価する。例えば、濃厚か、クリーミーか、それとも水っぽく紅茶のように薄いか、などを感知する。さらに、後味が心地よいか、余韻が長く続くか、すぐに終わるかなども評価する。

香り（粉が渇いた状態）：1〜5
ノート：ハーブ、シリアル、ナッツ、木になる果実、ベリー、トロピカルフルーツ
香り（粉を湯に浸した状態）：1〜5
ノート：ハーブ、シリアル、ナッツ、木になる果実、ベリー、トロピカルフルーツ
風味：1〜5
ノート：ハーブ、シリアル、ナッツ、木になる果実、ベリー、トロピカルフルーツ
余韻の長さ：1〜5
酸味：1〜5（弱い→強い）
濃さ：（弱→強）
ボディ：1〜5（軽い→重い）
均一性：1〜5
バランス：1〜5
カップのきれいさ：1〜5
甘み：1〜5

フレーバーホイール
（Flavor Wheel）

このフレーバーホイールは、「アメリカスペシャルティコーヒー協会（SCAA）[1]」と、「ワールド・コーヒー・リサーチ（WCR）[2]」が協同で開発し、公開しているもの。スペシャルティコーヒーが一般的となり、豆本来の個性がダイレクトに風味に影響するようになったため、コーヒーのフレーバー表現を厳密に定義づけるため、このような指標が求められるようになった。このフレーバーホイールを使えば、様々な言葉で表現されるコーヒーの香りや味を、共通言語で伝え合うことができる。

[1]
「アメリカスペシャルティ協会／SCAA（Specialty Coffee Association of America）」とは高級コーヒーの品質の規格を一定にする為、少数のコーヒー専門家集団によって1982年に世界に先駆けて結成された世界最大のコーヒー取引業の団体。コーヒーの栽培・ロースト・醸造の産業規格を設定し、スペシャルティコーヒーの開発と促進のために様々なイベントや訓練教育活動を積極的に行っている。

[2]
「World Coffee Reseach（WCR）」とは、アメリカテキサス州のノーマン・ボーローグ国際農業研究所に本拠を置き、世界20ヵ所以上のコーヒー研究機関、先進的科学研究所とのネットワークを介して運営されている非営利団体。コーヒーの生産性と品質を高め、長期的な供給の安定化を目指している。

126 | Torréfier

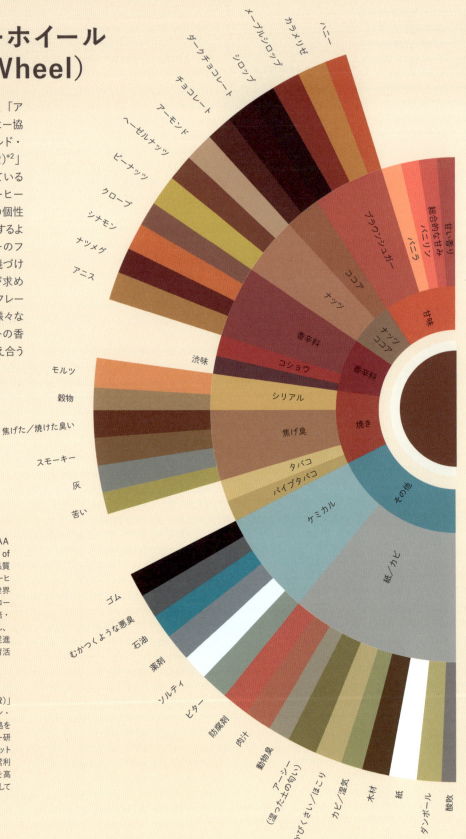

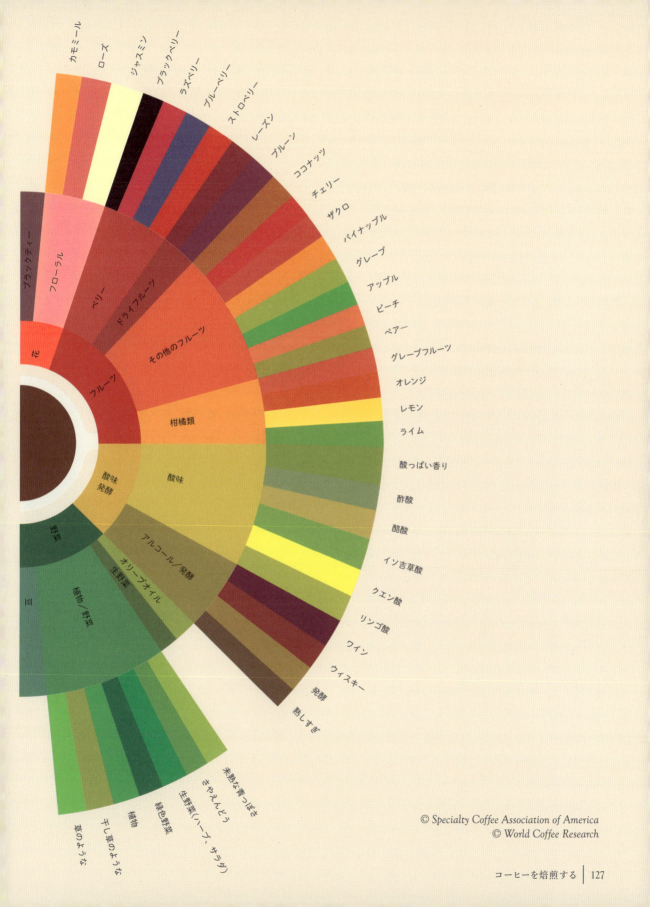

コーヒーを焙煎する | 127

脱カフェイン処理

コーヒーの主な効能として、脳の活性化、覚醒作用があるが、人によっては望ましくない作用になることもある。この効果を和らげるために、コーヒー豆からカフェインを抜去する方法が開発された。

経緯

カフェインは1819年に、ドイツ人科学者であるフリードリーブ・フェルディナント・ルンゲによって発見された。19世紀の終わり頃から、コーヒーの他の成分を損なわず、カフェインの効果を抑える、さらには除去するための研究が行われるようになった。世界初の脱カフェイン処理法は、1903年に、ルードヴィヒ・ロゼリウスというコーヒー商人によって開発された。その方法は時とともに進化していったが、生豆に対して施すという点だけは昔も今も変わらない。脱カフェイン処理をした生豆は焙煎が難しく、どうしても香り成分が一部抜けてしまう。

> ヨーロッパの法規では、処理後のカフェインの含有率は生豆中で0.2%、インスタントコーヒー中で0.3%までと制限されている。

有機溶媒抽出法（慣行法）

有機溶媒を使用する方法は2つある。

直接法：

1　生豆を蒸気または湯で湿らせ、気孔を開かせる。

2　有機溶媒を加え、カフェインを除去する。

3　生豆を十分に洗浄して、溶媒をしっかりと洗い落とす。

4　生豆を乾かし、焙煎できる状態にする。

間接法：
生豆を有機溶媒に直接触れさせない方法。

1　生豆を熱湯に漬けて、可溶性の成分を全て抽出する。

2　生豆を取り出し、成分が溶け出た湯を、カフェインを吸着する有機溶媒の入った容器に注ぐ。

3　2を加熱し、カフェインを含んだ溶媒を蒸発させて取り除く。

4　3に生豆を戻して、1で抽出した全成分を生豆の中に再び吸収させる。

スイス式水抽出法（Swiss Water® Process / SWP）

有機溶媒ではなく水を使用する処理法。1941年に開発され、1980年代に商業化された。
The Swiss Water® Process という名で特許が取得されている。

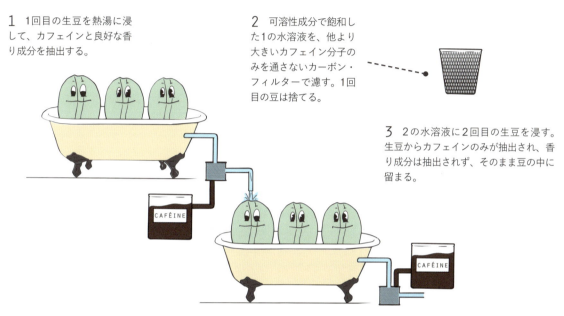

1　1回目の生豆を熱湯に浸して、カフェインと良好な香り成分を抽出する。

2　可溶性成分で飽和した1の水溶液を、他より大きいカフェイン分子のみを通さないカーボン・フィルターで濾す。1回目の豆は捨てる。

3　2の水溶液に2回目の生豆を浸す。生豆からカフェインのみが抽出され、香り成分は抽出されず、そのまま豆の中に留まる。

4　3の水溶液を再びカーボン・フィルターで濾し、カフェインのみを取り除く。さらに3回目の生豆を漬ける。2回目の生豆を乾かす。

超臨界CO₂抽出法

脱カフェイン処理の最新技術。二酸化炭素を温度31℃、超高圧（200気圧）の条件下で、超臨界流体にする。水の密度に近い状態になる。

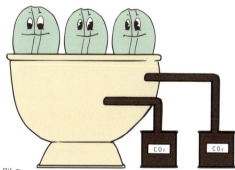

1　容器に生豆を入れ、スチームで加湿する。

2　超臨界CO₂を投入し、カフェインをしっかりと抽出するために何度も循環させる。他の抽出法よりもカフェインのみを効果的に抽出することができる。

3　カフェインを含むCO₂を別の容器へと移し、温度、圧力を下げて気体に戻す。分離したカフェインを回収する。

4　カフェインを抜いた生豆を乾かす。

コーヒーを焙煎する

第 4 章

CULTIVER
コーヒーを栽培する

コーヒーの栽培

コーヒーは芳しい琥珀色の飲み物であるが、その前に、コーヒーの木の果実からできる生豆でもある。カカオと同様に南国の農産物で、地球上の特定の地域でのみ栽培することができる。

コーヒーチェリー

コーヒー豆はコーヒーチェリーの中にある種子である。
通常は、1つのチェリーに種子が2つ入っているが、1つのときもある（「ピーベリー」、「カラコリ」と呼ばれる）。
さらには、全く入っていないものも、2つ以上入っているものもある。
最初は緑色をしているコーヒーチェリーは、熟すと品種によって赤、黄、橙へと変わる。

コーヒーの歴史

いくつかの伝説では、コーヒーの起源は、アビシニア王国時代、エチオピアの高原とされている。人間がコーヒーの木を発見した年代は解っていないが、エチオピア人がコーヒーチェリーの果肉から果汁を絞っていたと考えられている。ある文献によると、コーヒーは10世紀に紅海を渡り、その刺激効果のために、アルコールが禁止されていたアラブ-イスラム世界で珍重された。その後、15世紀にオスマン帝国、17世紀に西洋へと伝播していった。

パーチメント
コーヒーチェリーの中で種子を包んでいる硬い内果皮。種子を保護する役目がある。

ミューシレージ
パーチメントを覆う果肉の粘液質（ペクチン層）。

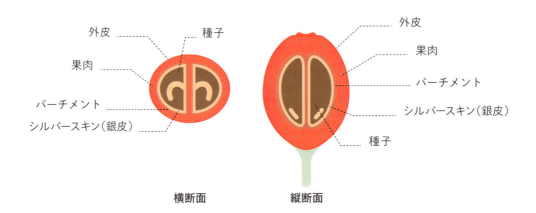

横断面　　　縦断面

生産量は少ない！

1本のコーヒーの木になるチェリーの量は、年に1.4～2.5kg（品種によってはもっと多いものもある）。これは生豆266～475g、焙煎豆204～365gに相当する量である。1本の木からできるコーヒー豆はとても少ない。コーヒーパック1袋分の250gにも満たないこともある！

コーヒーの木1本
=
1.4kg < コーヒーチェリー／年 < 2.5kg
=
204g < 焙煎豆 < 365g

コフィア・アラビカの栽培条件

コフィア・アラビカが栽培されているのは、北回帰線と南回帰線の間の熱帯である。

亜熱帯
標高600〜1,200mで栽培されている。雨季と乾季がはっきりと分かれているため、収穫は1年に1回である。

熱帯
標高1,200〜2,400mで栽培されている。雨が頻繁に降り、数回に分けて開花するため、収穫は1年に2回となる(1回目は雨が多い時期、2回目は雨が少ない時期で、収穫量は少なめ)。

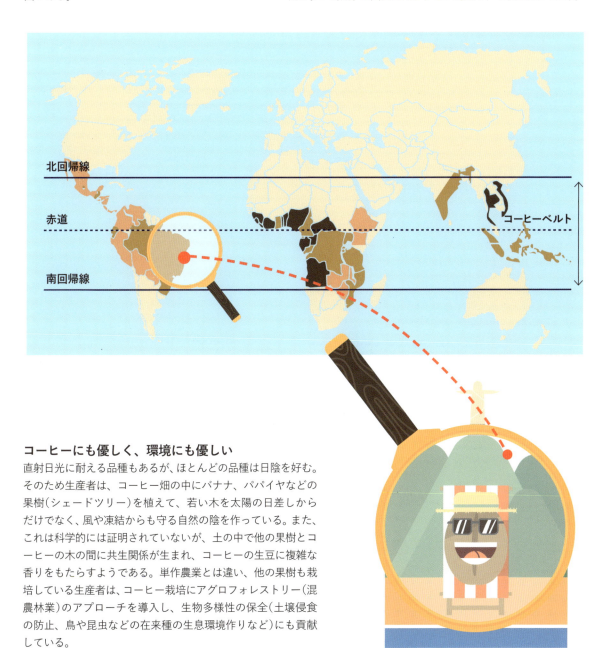

コーヒーにも優しく、環境にも優しい

直射日光に耐える品種もあるが、ほとんどの品種は日陰を好む。そのため生産者は、コーヒー畑の中にバナナ、パパイヤなどの果樹(シェードツリー)を植えて、若い木を太陽の日差しからだけでなく、風や凍結からも守る自然の陰を作っている。また、これは科学的には証明されていないが、土の中で他の果樹とコーヒーの木の間に共生関係が生まれ、コーヒーの生豆に複雑な香りをもたらすようである。単作農業とは違い、他の果樹も栽培している生産者は、コーヒー栽培にアグロフォレストリー(混農林業)のアプローチを導入し、生物多様性の保全(土壌侵食の防止、鳥や昆虫などの在来種の生息環境作りなど)にも貢献している。

コーヒーの木のライフサイクル

コーヒーの栽培を始めたばかりの生産者には根気が必要である。コーヒーの木に最初のチェリーがなるまで、最低でも3年、さらには5年かかることもある。

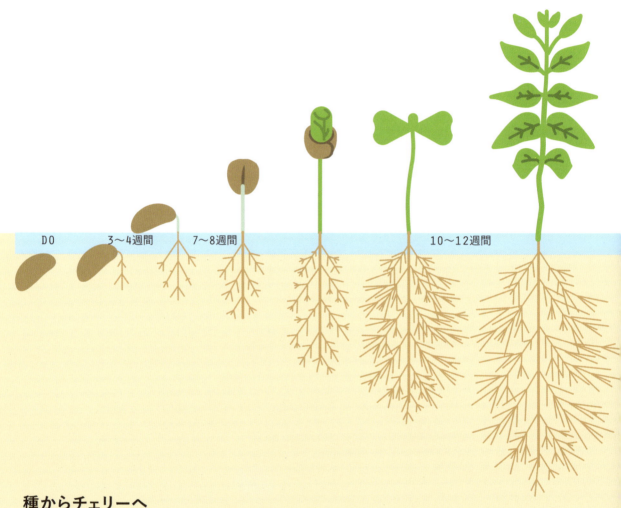

種からチェリーへ

良好な自然条件であれば、種子は3～4週間で発芽する。根が出てきて、さらに3～4週間後に、パーチメントを被った茎が土から顔を出す。10～12週間後、パーチメントが落ちて、深緑色の葉が出てくる。葉は、茎の節ごとに2枚が対になって付く（対生）。3～5年後、成長した木に最初のコーヒーチェリーがなる。

開花

コーヒーの花は、降雨後に咲く。コーヒーチェリーが完熟し、収穫できるようになるまで6〜9か月かかる。
開花期に雨が断続的に降る場合、チェリーは一斉に、同じ速さで熟さない。そのため、同じ木の枝に、赤い実、緑の実など熟度の異なる実が混在することになる。完熟した赤い実だけを摘み取るために、数回にわたって、丁寧に手摘みを行う必要がある。

1本の枝に熟度の異なるチェリーが付く。

種は早く植えたもの勝ち

種子の発芽率は時間とともに低下する。保存期間が3か月以下の場合は95％、3か月以上の場合は75％で、9か月後には25％まで落ち、15か月も経つとほぼ0になる。真空パックで15℃の環境で保管すれば、発芽率を6か月まで保つことができる。

コーヒーを栽培する

コーヒー栽培にまつわる雑学

さきほどのライフサイクルの説明はほんの基礎でしかない。実際には、他にもいろいろと説明することがある。

コーヒーの木の増やし方

増やし方は2つある。

挿し木
挿し木はコーヒーの木の一部（二股に分かれた2枚の葉の付いた枝先）を採取し、植え付ける方法である。新しい葉と根が出てきたら、挿し木は根付き、種子からと同じように成長する。挿し木はクローンであるため、その元となった木と遺伝的に同一である。

播種
最適な発芽条件を得るために、完熟したコーヒーチェリーを選ぶ。果肉を取り除き、短時間（10時間以下）、発酵させる。その後、乾燥させて、種まきができる状態にする。種はプランターやビニール袋に入った、コーヒーの木の発育に適した土（肥沃で軽い砂状の土）にまく。

苗床
一般的に、種と挿し木は畑に直接植えるのではなく、より管理、保護された環境（風、雨、日よけ、灌漑）下にある苗床で育てられる。苗木が十分に強く、40〜60cmの高さになり、10対ほどの葉が付いたら、畑に植え替えてさらに成長させる。

コーヒープランテーションの苗床

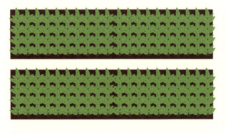 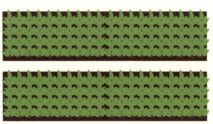 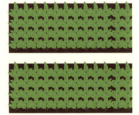

受粉はどうする？
コフィア・アラビカは自家受粉の小灌木であるため、主に花粉が風に運ばれて受粉が行われる。昆虫による受粉はごく少ない（5〜10％）。

コーヒーの香味は標高によって変わる

標高の高い地域は冷涼な気候であるため、コーヒーチェリーの成熟がより遅く、その結果、種子の密度が高くなる。栽培地の標高が高くなるにつれて、すっきりした酸味、奥深い香り、良質な風味がよりよく表れる傾向にある。

標高が香味に与える影響

1500 - 2000м：フローラル、スパイシー、フルーティー、心地よい酸味、複雑な香味
1200 - 1500м：ほどよい酸味、豊かな香り
1000 - 1200м：かすかな酸味、まろやか
800 - 1000м：酸味がない、淡泊

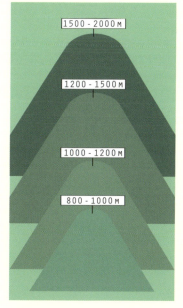

オーガニック農法

コーヒー生産国では、有機農法を実践している生産者はごく少ない。というのも、農薬の使用はむしろ規格化されているからだ。残念ながら、有機農法の基準で栽培されたからといって、一杯のコーヒーがより美味しくなるわけではない。そのため、農法を変えるほどのメリットがあまりない。一方で、エチオピアなどの一部の国では、小農家はコストがかかるという理由から、化学肥料や農薬を使用していないため、オーガニック認証を得ずとも、自然に有機農法を実践していることになる。世界一のコーヒー生産国であるブラジルでは、Fazenda Ambiental Fortaleza（フォルタレーザ環境農園）などの一部の生産者が、コーヒーを有機栽培している。

コーヒーの木の天敵

コフィア・アラビカは、外界から様々な攻撃（バクテリア、害虫など）を受けるリスクがあるが、そのなかでも最悪の敵は、サビ病菌（Hemileia vastatrix）とコーヒーノミキクイムシ（Hypothenemus hampei）だ。

サビ病菌
19世紀にスリランカで発見された菌で、現在ではほぼ全てのコーヒー生産国に存在する。降雨期に葉を攻撃し、光合成を妨害し、落葉を引き起こす。コーヒーの木は衰弱し、成長が止まってしまうこともある。収穫に大打撃を与えるサビ病と闘うために、栽培者はより耐性のあるハイブリッド種（交配種）を導入している。

サビ病菌に侵された葉

コーヒーノミキクイムシ
ごく小さな甲虫類（体長はメス2.5mm、オス1.5mm）。アフリカで発生したが、現在では大部分のコーヒー生産国に広まっている。メスがまだ熟していないコーヒーチェリーの中にトンネルを掘り、卵を産む。孵化した幼虫は、チェリーの中の種子を食べて育つ。

コーヒーノミキクイムシ

コーヒーを栽培する | 137

コーヒーの品種

数世紀にわたり、コーヒー、特にアラビカ種を栽培していくうちに、多様な品種が発展していった。実入りがよく、しかも美味しいコーヒーになる品種を見出し、テロワールへの適応力を見定めることが重要だ。

品種とは何か？

品種は植物分類で、種の下位の単位にあたる。コフィア・アラビカとコフィア・カネフォーラはコーヒーノキの種である。コフィア・アラビカという種にはティピカなどの原品種があり、その下位グループとして、特徴（形態、果実の大きさなど）の異なる様々な品種が存在する。これらは、突然変異や交配で生まれた品種である。

突然変異種

突然変異とは、植物が原品種の形態とは異なる形態（樹木、葉、果実の大きさや形状）を持つようになることをいう。突然変異体は、種をまいた後に新奇の特徴を示す場合、新品種と見なされる。

交配種（ハイブリッド種）

2品種以上を掛け合わせたもの。人工交配と自然交配がある。

有名な人工交配種の例

ICATU（イカトゥ）＝
（〔アラビカ＋ロブスタ〕＋ムンド・ノーボ）＋カトゥアイ

CATIMOR（カティモール）＝
カトゥーラ＋ハイブリッド・デ・ティモール

SARCHIMOR（サルチモール）＝
ビジャサルチ＋ハイブリッド・デ・ティモール

RUIRU 11（ルイル11）＝
ルメスダン＋ハイブリッド・デ・ティモール＋SL28＋SL34

ロブスタの場合

実際にはロブスタは種ではなく、コフィア・カネフォーラの品種である。コフィア・カネフォーラ＝ロブスタと見なすことが多いのは、ロブスタが原品種であり、コフィア・カネフォーラに属する食用にできる他の4品種（Kouillou、Conilon、Gimé、Niaouli）よりもはるかに栽培量が多いからである。

ハイブリッド・デ・ティモール

特別な交配種

アラブスタ品種は、コフィア・アラビカとコフィア・カネフォーラを掛け合わせた結果である。この品種のグループを代表する品種がハイブリッド・デ・ティモールだ。この交配種は丈夫で味が濃いため、他の品種との交配に使用されることが多い。

コーヒーを栽培する | 139

生豆の旬と鮮度

生豆を生鮮食品、季節の作物と分類するのは難しい。はるか遠い異国の地で栽培され、コーヒーチェリーの摘み取りから、生豆が焙煎職人の手に届くまで様々な処理が施される。しかしながら、旬と鮮度はスペシャルティコーヒーの美味しさを存分に味わうには不可欠な条件である。

コーヒー豆にも「旬」がある

コーヒーの収穫は、亜熱帯では主に年に1回、熱帯では年に2回（1回目は多く、2回目は少なめ）行われる。収穫期間は国によって短かったり、長かったりするが、1年を通して行われることはない。他の農産物と同様、コーヒー豆は「旬」のある作物である。コーヒーの旬の時期を知り、よりよいものを選ぶためには、生産国別の収穫カレンダーが参考になる（次頁参照）。

ヴィンテージものはない

コーヒー豆はワインとは違い、ヴィンテージ（古い収穫年）が崇められることはない。旬の食材を使って料理するシェフのように、スペシャルティコーヒーの焙煎職人は、「旬の豆」を使って焙煎を行う。

鮮度の問題

生豆の鮮度は、香味の質が最良である期間を目安とする。この期間は数か月、場合によっては1年続く。真空パックに入れて冷凍庫に保管すれば、賞味期限を長く保つことはできるがデメリットもある。コスト高であり、解凍後、急速に鮮度が落ちる。

コーヒーパックに表示されている収穫日

コーヒーパックには、焙煎日はよく記載されているが、収穫日の記載はそれほど多くない。そんな時は遠慮せず、焙煎職人に聞いてみよう。

「パストクロップ」と「オールドクロップ」

「パストクロップ」は英語で、前年に収穫された生豆のことを指す。生豆はそのライフサイクルのなかで、徐々に品質の低下を示すようになり、香味を失うリスクがある。生豆に含まれる脂質が劣化、酸化し、含水量（約11%）が減ったり、保存状態が悪いと増えたりする。そうすると、コーヒーからは、強い樹木の味がするようになり、酸味が弱まり、麻袋の匂いがするようになる。このような特徴は、「オールドクロップ」の特徴と言われる（P.46参照）。特に古い生豆でなくても、原産国での精製、保存条件、運送方法、焙煎前の保管状態などが悪いと、「オールドクロップ」になる可能性がある。

Cultiver

収穫カレンダー

生産国によって異なるが、収穫時期は年に1回または2回ある。
各生産国の栽培状況については P.148 以降を参照。

	1月	2月	3月	4月	5月	6月	7月	8月	9月	10月	11月	12月
ボリビア							●	●	●	●		
ブラジル					●	●	●	●				
ブルンジ			●	●	●	●	●					
コロンビア	●	●	●	●	●	●	●	●	●	●	●	●
コスタリカ	●	●	●								●	●
エルサルバドル	●	●	●								●	●
エクアドル					●	●	●	●	●			
エチオピア	●	●									●	●
グアテマラ	●	●	●								●	●
ハワイ	●								●	●	●	●
ホンジュラス	●	●	●	●							●	●
インド	●	●										
インドネシア (スラウェシ島)	●	●	●		●	●				●	●	●
インドネシア (スマトラ島)	●	●	●	●						●	●	●
ジャマイカ	●								●	●	●	●
ケニア	●										●	●
レユニオン島	●									●	●	●
メキシコ	●	●	●								●	●
ニカラグア	●	●								●	●	●
パナマ	●										●	●
ペルー							●	●	●			
ルワンダ			●	●	●	●	●					

コーヒーを栽培する | 141

コーヒーの精製方式

収穫されたコーヒーチェリーは、種子を取り出すために精製される。精製方法はコーヒーの香味特性に影響する。

収穫

コーヒーチェリーの収穫は、基本的に手摘みで行われる。傷んでいない完熟したチェリー（品種によって赤色か橙色）のみを摘み、熟していない、あるいは熟しすぎたチェリー（緑色か褐色）を残す。チェリーは同時に完熟しないので、数回にわたって、一粒ずつ選別しながら摘み取らなければならない。収穫作業人は摘み取った量に応じて日当を受け取る。1日の収穫量は1人当たり50〜120kgである。手摘みでも枝に付いているチェリーを全部、一気にしごき取る方法もあり、これは質よりも量とスピードを優先するやり方だ。一方で、機械収穫は枝を揺さぶってコーヒーチェリーを落とすのだが、完熟した実しか落ちないように機械を設定する。チェリーが枝から離れやすいコフィア・アラビカに適した方法と言えるが、標高がそれほど高くなく、勾配が少ない農園でしか採用できない。コーヒーチェリーは収穫後8時間以内に精製する。これ以上経つと、発酵が起こり、「臭いチェリー」が生じるリスクがある。

完熟したチェリーから摘み取っていく。青いものは熟すまで待つ。

精製方式：ナチュラル（自然乾燥式）

コーヒーチェリーをそのまま天日干しで乾燥させる最も古い精製方式で、ウォッシュド（水洗式）の対となる。

地域
乾季がはっきりしている地域（ブラジル、エチオピア、パナマ、コスタリカ）

日数
10〜30日

手順
コンクリートの床、できればアフリカ式高床の乾燥棚に、コーヒーチェリーを2層になるように広げ、均一に発酵するように定期的に転がす。夜間は湿気を吸収しないように覆いを被せる。乾燥させている間に、チェリーの水分量は70％から15〜30％、さらに10〜12％へと落ちる（生豆の保存に最適な水分量）。

結果
フルーティーな香りが鼻先、口中で豊かに広がる。ボディは十分にあるが、後味がクリーンではない豆になることもある。ワインのようなアルコールの香り、最悪の場合、ヴィネガーの香りがすることもある。

+ 設備がシンプル。
− 収穫したチェリーの状態が不揃いなことがある。
　収穫のピーク時に大量のチェリーを広げるスペースがいる。
　ウォッシュド式と同じ均一性を確保するためには、より丁寧な手作業が必要。

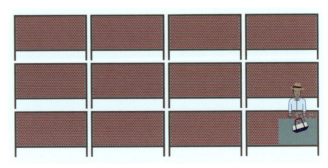

アフリカ式高床の乾燥棚
（コーヒーチェリーへの風通しをよくするために高床にする）

精製方式：ウォッシュド（水洗式）

17世紀、湿気と降雨量が多いためにナチュラル式を行うことができなかったジャワ島で、オランダ人が考案した。

精製とは？
パーチメントを柔らかくして種子を取り出しやすくするために、水や空気で発酵を促す工程である。

地域
湿気の多い地域（エチオピア、ケニア、ルワンダ、エルサルバドル、コロンビア、パナマ）

日数
発酵に6〜72時間（平均12〜36時間）
乾燥に4〜10日

手順
コーヒーチェリーの果肉を機械で取り除き、種子を水の入った発酵槽につけて、粘液質（ミューシレージ）を取り除く。その後、種子を洗浄して乾燥させる。

結果
ナチュラル式よりもクリーンな味わいでボディは軽くなり、酸味が際立つ。

- ＋ 粘液質（ミューシレージ）の酵素、水の中で発達する微生物によって、種子のpH値が5以下になり、酸味がより引き立つ。
- − 大量の水が必要（チェリー1kgあたり最大100L）。リサイクルを試みても水は硝酸塩で汚染される。

方式

1 コーヒーチェリーを水槽に入れる。完熟した重い実は沈む傾向にあり、完熟していない実や不純物は表面に浮かぶ。

2 完熟したよいチェリーの外皮と果肉の大部分をパルパーという機械で取り除く。

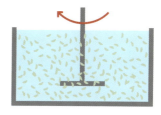

3 果肉の層が薄く付いた豆を、粘液質（ミューシレージ）の発酵を促すための水槽に漬ける。水温を最高40℃に保ち、均一に発酵するように定期的にかき混ぜる。

4 豆をきれいな水に入れて洗う。表面に浮かんだ欠点豆を除き、底に沈んだよい豆のみを取り出す。

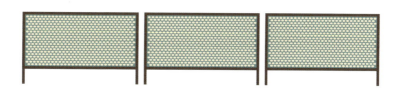

5 よい豆をアフリカ式高床の乾燥棚に広げ、天日干しで、あるいは熱風が回る大きなドラムに入れて、水分量が10〜12%に落ちるまで乾燥させる。

その他の精製方式

次に紹介するのは、ナチュラル式とウォッシュド式を組み合わせた折衷方式である。

折衷方式

パルプド・ナチュラル
1990年代にブラジルで考案された方式で、コーヒーチェリーを水槽に入れて、底に沈んだよいものだけを選別した後、天日干しによって発酵させる。

ハニープロセス
ブラジル以外の中央アメリカ諸国では、パルプド・ナチュラルをハニープロセスと呼んでいる。ハニープロセスでは、生豆を覆うパーチメント（内果皮）に付着するミューシレージ（粘液質）の量によって、様々な段階がある。その量が多ければ多いほど、天日干しをした後のパーチメントの色が濃くなる。

ホワイトハニー
75〜90%

イエローハニー
50〜75%

レッドハニー
5〜50%

ブラックハニー
最低限

上記の%はミューシレージ除去率

期間
7〜12日（天候による）

手順
パルパーという機械に通して、未熟の固いチェリーをスクリーン（ふるい）で取り除き、完熟した柔らかいチェリーのみを選別し、外皮と果肉の大部分を剥ぎ取る。パーチメントにミューシレージが付着した状態の生豆を、アフリカ式高床の乾燥棚に厚さが2.5〜5cmになるように広げて、天日干しにする。均一に乾燥させるために、定期的にかき混ぜる。

結果
ウォッシュド式の豆よりもクリーンでボディのあるコーヒーに仕上がるが、酸味は控えめ。ナチュラル式の豆で淹れたコーヒーに似た味わいになる。

- ➕ 廃水が少ない。
  よいコーヒーチェリーをしっかり選別できる。
  均一な豆になる。
- ➖ ミューシレージ除去のための機器にコストがかかる。

セミ・ウォッシュドまたはギリン・バサ方式

水槽で発酵させるまでのプロセスはウォッシュド式と同じで、その後、2回に分けて乾燥させる。

地域
インドネシアのみ。特にスマトラ島とスラウェシ島

日数
水槽による発酵：一晩
パーチメント除去後の乾燥：5〜7日

手順
外皮と果肉を除去した後、水槽に入れて発酵によりミューシレージを取り除く。パーチメントのみに覆われた豆は、水分量が40%に落ちるまで軽く乾燥させる。その後、脱穀機でパーチメントを剥がし、再度乾燥させる。脱穀時に摩擦が起きやすい。

結果
重厚なボディの、酸味の少ないコーヒーに仕上がる。

- ➕ 湿気が多いため、1年を通して、開花期と収穫期が繰り返し訪れ、また天日干しの作業が複雑になるインドネシアの気候に合った解決策。

> **ギリン・バサとは？**
> ギリン・バサはインドネシア語で「湿ったパーチメント」という意味。

脱穀機：パーチメントが剥がれた生豆はすぐに乾燥する。

精製方式：おさらい

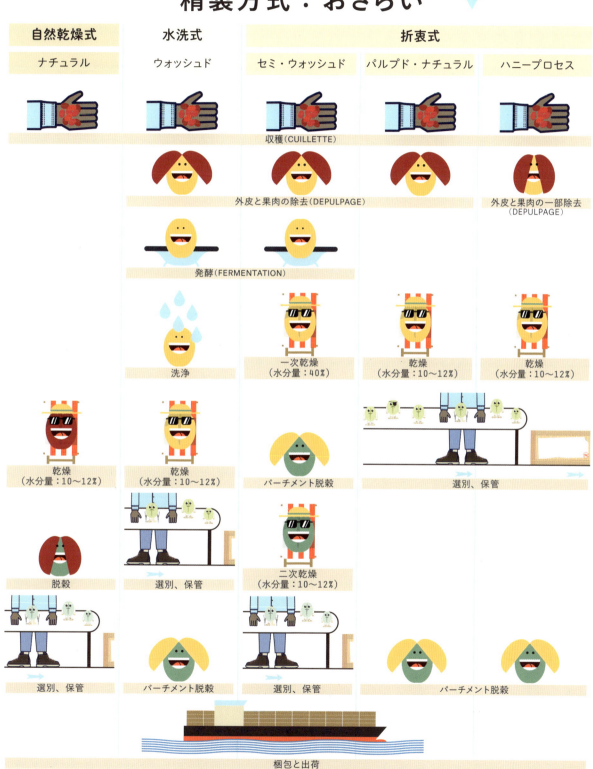

コーヒーを栽培する | 145

生豆の脱穀、選別、梱包

乾燥させた豆は脱穀、選別を経て梱包され、消費国へと出荷される。

脱穀

精製方式に関係なく、乾燥させた豆を「ドライミル」に送り、まず、吸引機、ふるいによって不純物(破片、砂利、鉄屑、埃、葉など)を取り除く。その後、ナチュラル式、パルプド・ナチュラル式の場合、脱穀機に通して、殻の部分(乾燥した外皮と果肉)を取り除き、生豆を取り出す。殻は吸い取られ、除去される。

ウォッシュド式の場合、脱穀機でパーチメント(生豆を覆う内果皮)を剥ぎ取り、さらにシルバースキン(P.132参照)を可能な限り取り除くために、表面を研磨する。

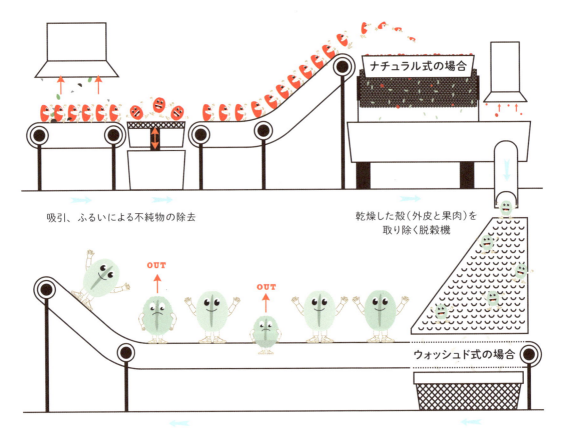

吸引、ふるいによる不純物の除去

乾燥した殻(外皮と果肉)を取り除く脱穀機

シルバースキンの除去

パーチメントの脱穀

ナチュラル式の場合

ウォッシュド式の場合

生豆の選別

脱穀した生豆を一定の基準（大きさ、直径、色）に従って選別する。

> **欠点豆の行方は？**
> 選別ではじかれた豆は捨てられるわけではない！ 業務用のエスプレッソブレンド、インスタントコーヒー向けの豆として、コモディティ市場へと流れる。

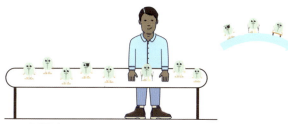

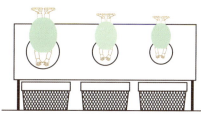

一次選別
重い豆（良質な豆）と軽い豆（欠点豆）を機械または手作業で分ける。

二次選別
様々な大きさの穴が開いているふるい（スクリーン）に通して、生豆をサイズ別に分ける。

三次選別
色探知機の付いたベルトコンベアーで、色によって選別する。
黒色、濃い褐色：発酵した生豆
淡い色、白っぽい色：完熟していない生豆、欠点豆はエアーの噴射で取り除かれる。

四次選別
色による最終選別。ベルトコンベアーの前に座った女性たちが手作業で丹念に調べ、欠点豆を取り除く。

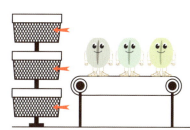

梱包

選別された生豆は出荷用の袋に詰められる。

麻袋
生豆は伝統的に、容量60〜70kgの麻袋に詰められる。経済的かつ丈夫で、長持ちという長所があり、保護力も優れている。

真空パック
数年前に登場したタイプで、特に高価な特級豆の梱包に使用されている。真空パックにした後、段ボール箱に梱包される。一般的に、一袋の容量は20〜35kgだが、小ロットを10kg以下の袋に詰めて出荷する輸入業者もいる。

GrainPro®
多層フィルム構造の袋で、精製した生豆や播種用の種をより長く保存することが可能。生豆の香味特性をより長く保つことができる。

コーヒー生産国

世界のコーヒー生産国と生産量ランキング TOP10

アラビカ種の生産国

ロブスタ種の生産国

アラビカ種とロブスタ種の生産国

国際コーヒー機関(ICO)の2016年の統計

エチオピア

エチオピアはコーヒーの発祥の地と言い伝えられている。多くの他の生産国とは異なり、コーヒー栽培は植民地時代の遺産ではなく、標高1500mの高原の半分近くの土地に自生していた野生、あるいはほぼ野生のコーヒーの木から始まった。プランテーション、大農園はほとんどなく、コーヒーの木は庭先(ガーデン)、自然の森(フォレスト)、草刈りなど少し手を加えた森(セミフォレスト)で育つ。化学物質はほとんど使用されていない。オーガニックラベルを取得せずとも、有機栽培と見なすことのできる生産の90%以上は、70万もの小規模農家によるものである。生産性は高くなく、トレーサビリティも複数の農家からの収穫物が混合されるウォッシング・ステーションまでとなる(ごく稀な例外を除く)。エチオピアはコーヒーノキ、アラビカ種の遺伝的多様性が世界一豊かな国であり、その森の奥に上質なコーヒーの未来が宿っている。

エチオピアコーヒーの風味
YIRGACHEFFE ARICHA

インフォメーション

- ▶ 年間生産量:396,000トン
- ▶ 世界市場シェア:4.4%
- ▶ 世界の生産量ランキング:5位
- ▶ 主な品種:エチオピア原種(在来種)
- ▶ 収穫時期:11月〜2月
- ▶ 精製方式:ウォッシュド、ナチュラル
- ▶ 味わいの特徴:
  - ウォッシュド/フローラルな香りとクエン酸系の酸味。ライトボディ。
  - ナチュラル/トロピカルフルーツ、イチゴのノート。

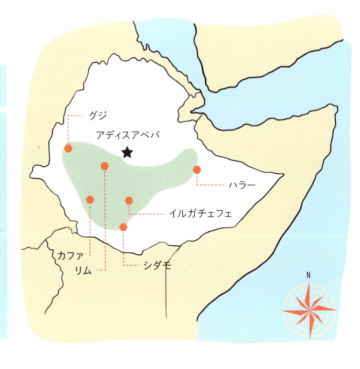

ケニア

コーヒーの木は19世紀末、西欧人によってもたらされた。アラビカ種、特にSL28、SL34、K7、ルイル11が栽培されていて、ウォッシュド式で精製されている。コーヒー豆の半分は、ウォッシング・ステーションごとにグループ(「ファクトリー」ごとに600〜1000軒)を形成している小規模農家によって生産されている。さらに、ウォッシング・ステーションは生産者組合によって運営されている。ケニア中央地域ならではの赤粘土質の土壌が、独特な香味をもたらす。この国は、生豆の大きさを基準とした、独自の格付け、等級、制度を設けている。様々な大きさの穴が開いたふるい(スクリーン)にかけて、生豆を以下の等級に分類する。

- AA：直径が18(7.22mm)以上の生豆。香味がより上質、複雑であるため、最高値が付くロットだ。
- AB：直径が16(6.8mm)、15(6.2mm)の生豆
- PB：ピーベリー(＝カラコリ／P.132参照)
  これらの3等級はスペシャルティコーヒーに分類される。
- C, TT, T：等級が低い生豆
  ロットの大部分がオークションで競売される。

ケニアコーヒーの風味
GICHATHAINI AA

インフォメーション

▶ 年間生産量：46,980トン
▶ 世界市場シェア：0.5%
▶ 世界の生産量ランキング：17位
▶ 主な品種：SL28、SL34、K7、Ruiru 11(ルイル11)
▶ 収穫時期：11月〜2月
▶ 精製方式：ウォッシュド
▶ 味わいの特徴：ベリー系のノート。溌剌とした酸味。

ルワンダ

コーヒーの木は1904年、ドイツ人修道士によって植えられた。気候（定期的かつ安定した降雨）、地理的条件（標高1,500〜2,000m、肥沃な火山性の土壌）が良質なコーヒー豆の栽培に適している。ルワンダの生産者の多くは生産者組合に所属し、組合単位でウォッシング・ステーションを運営している。スペシャルティコーヒーの生産に力を入れているため、コーヒー豆の価格は高値で安定している。ルワンダは2008年に、アフリカ大陸の生産国のなかで一番早く「カップ・オブ・エクセレンス（P.121参照）」を導入した国でもある。

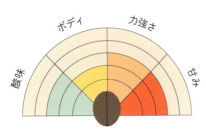

ルワンダコーヒーの風味
EPIPHANY MUHIRWA

インフォメーション

- 年間生産量：14,400トン
  （アラビカ：99%、ロブスタ：1%）
- 世界市場シェア：0.2%
- 世界の生産量ランキング：28位
- 主な品種：レッドブルボン
- 収穫時期：3〜7月
- 精製方式：ウォッシュド
- 味わいの特徴：フローラル、フルーティーな香り。きれいな酸味。

欠点は「ポテト臭」

ルワンダやブルンジでは、コーヒー豆が検出しにくいバクテリアに汚染され、挽いた後に、古いじゃがいものような匂いを放つことがある。このバクテリアは、ロット全体ではなく、一粒の豆に付着して、気まぐれに作用するので厄介だ。健康を害するものではないが、とてもいやな匂いがするので、2国にとっては、解決すべき重大な問題だ。

ブルンジ

コーヒー栽培は1930年代に、ベルギー人によって広められた。隣国であるルワンダとの共通点がいくつか見られる。例えば、コーヒーの栽培に適した気候、土壌、標高、さらに「ポテト臭」と呼ばれる欠点などである。ブルンジのコーヒーチェリーは小規模農家によって栽培、収穫され、SOGESTAL社（複数のウォッシング・ステーションを運営する会社）に集約される。ウォッシング・ステーションは2008年までは複数のロットを一括処理し、混合していたが、この年以降、ロット別に扱うことを認められるようになった。その結果、トレーサビリティが向上し、香味の質に応じてロットに等級を付けることができるようになった。ブルンジはアフリカの生産国で2番目に「カップ・オブ・エクセレンス」を導入した国である。

ブルンジコーヒーの風味
MURUTA

インフォメーション

▶ 年間生産量：14,100トン
▶ 世界市場シェア：0.2％
▶ 世界の生産量ランキング：29位
▶ 主な品種：レッドブルボン
▶ 収穫時期：3〜7月
▶ 精製方式：ウォッシュド
▶ 味わいの特徴：フルーティーな香り。クエン酸系の酸味。

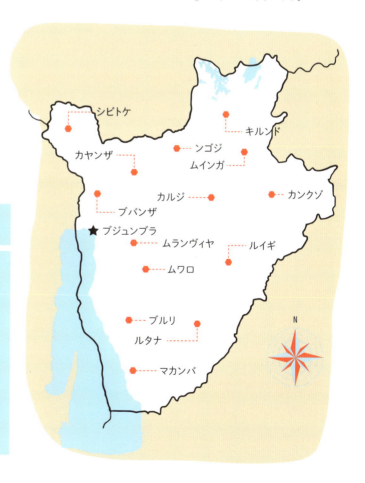

コーヒー生産国 | 153

レユニオン島

コーヒーの木がこの地に渡ったのは1715年。当時、ブルボン島と呼ばれていたことから、最初に植えられた品種にこの名前が付けられた。イエメン原産のブルボンは、ティピカが突然変異して生まれた品種である。1720年代にコーヒー栽培が広まり、1800年代に黄金時代を迎え、生産量が4,000トンにまで達した。その後、自然災害やサトウキビ栽培の拡大により、コーヒー生産は著しく減少した。1771年、この島固有の品種、ブルボン・ポワントゥが誕生した。この品種はほとんど消滅しかけていたが、2000年代初めに息を吹き返した。生産量はごくわずかで、ニッチ市場向けである。

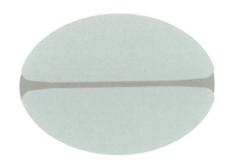

レユニオン島のコーヒーの風味
BOURBON POINTU

インフォメーション

- ▶ 年間生産量：3トン
- ▶ 世界市場シェア：0.01%
- ▶ 世界の生産量ランキング：対象外
　　　　　　　　　（ニッチ市場向け）
- ▶ 主な品種：ブルボン、ブルボン・ポワントゥ
- ▶ 収穫時期：10月～2月
- ▶ 精製方式：ウォッシュド
- ▶ 味わいの特徴：ほどよいボディ感と酸味。
　　　　　　　　　バランスがよい。

154 | Cultiver

コーヒーの品種と特徴

SL28

- 起源：1935年、ケニアのスコット・ラボラトリー（SL）によって発見、開発された。ブルボンとエチオピア原種に近い品種。
- 形態：葉が大きく、種子も大粒。
- 耐性：病気に強い。
- 生産性：低い。
- おすすめの抽出法：フィルターコーヒー
- 味わいの特徴：際立つ酸味。ベリー系のノート。

SL34

- 起源：ケニア中央部、カベテ地区のロレショ農園で栽培されたブルボンの突然変異で生まれた品種。
- 形態：葉が大きく、種子も大粒。
- 耐性：標高の高い場所での雨に強い。
- 生産性：高い。
- おすすめの抽出法：フィルターコーヒー
- 味わいの特徴：豊かな香味が人気。

BOURBON POINTU / ブルボン・ポワントゥ

- 起源：ブルボンからの突然変異種。ラウリナともコフィア・アラビカ・ヴァル・ラウリナとも呼ばれるこの品種は、1771年にレユニオン島で生まれたと言われている。1880年の疫病後、絶滅寸前だったが、2000年の初めに川島良彰氏によって再発見された。そして、フランス国立農業研究開発国際協力センター（CIRAD）の協力により、栽培が復活した。
- 他の生産国：マダガスカル

- 形態：ピラミッド形状の小木で、葉も果実も小ぶり。種子は先の尖った細長い形をしている。
- 耐性：乾燥に強いが、サビ病に弱い。
- 生産性：低い。
- おすすめの抽出法：エスプレッソコーヒー
- 味わいの特徴：コフィア・アラビカの品種の中で最もカフェイン量が少ない（0.6％）。

Heirloom（エアルーム）

英語でコーヒーの原種、在来種を示す語で、コーヒーが人によって持ち込まれなかったエチオピアのみで用いられている。コーヒーの木は森の中で自然に育つため、収穫物に混在する品種の一つ一つを識別することは容易ではない。そのため、生豆のバイヤーも焙煎職人も、エチオピア原種全体を「エアルーム」と呼んでいる。

コーヒー生産国

ブラジル

農家：300,000

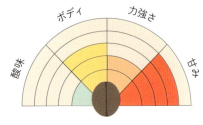

ブラジルコーヒーの風味
CAPIM BRANCO

コーヒーの木は18世紀、ポルトガル人の手によってこの地に渡った。すぐに世界一のコーヒー生産国へと成長し、1920年代にはもう、世界の生産量の80％を占めるほどになっていた。他の生産国の発展により、生産量の割合は世界全体に分散してきてはいるが、それでもブラジルはトップの座に君臨し続けている。コーヒー栽培は南東部に集中している。広大な面積、気候、地形（傾斜が穏やかな丘の多い平地であるため、機械の使用が可能）、標高などの条件が、集中栽培の発展をもたらした。30万近くの農家がコーヒーを生産していて、なかには近代的な設備と工業生産の方式を取り入れ、生産性と収益性を優先する大規模農園もある。しかし、その一方で、化学物質を極力使用せず、農園での生物多様性を育む有機栽培、さらにはビオディナミ農法を実践している農家もある。良質な生豆のロットは、農園までトレースすることが可能だ。ブラジルは1999年、世界で初めてカップ・オブ・エクセレンスが開催された国でもある。

インフォメーション

- ▶ 年間生産量：3,300,000トン（アラビカ種：67％、ロブスタ種：33％）
- ▶ 世界市場シェア：36.3％
- ▶ 世界の生産量ランキング：1位
- ▶ 主な品種：ムンド・ノーボ、カトゥーラ、イカトゥ、ブルボン、カトゥアイ
- ▶ 収穫時期：5月〜8月
- ▶ 精製方式：ナチュラル、ウォッシュド
- ▶ 味わいの特徴：酸味が少なく、甘みのあるまろやかな味わい。ナッツ系の香り。ブレンドのベースとして使われることが多い。

156 | Cultiver

コロンビア

コーヒー栽培は18世紀末に導入され、19世紀初頭から商業化されるようになった。50万近くの農家(ほとんどが小規模農家)がコーヒーを栽培している。アンデス山脈がコーヒー栽培に適した複雑なミクロクリマ(微気候)を作り出しているが、地形上の問題で、栽培面積を広げることはできない。山の傾斜が険しいため、機械を入れることができず、樹木が生えていない傾斜地は土壌浸食のリスクにさらされている。そのため、この国は生産技術の向上に力を注いでいる。栽培されているのはアラビカ種のみ。1960年、ニューヨークの広告代理店、DDB社(Doyle Dane Bernach)が、「コロンビアコーヒー」を象徴するイメージキャラクター、フアン・バルデスを生み出した。相棒のラバを連れた素朴な生産者をイメージした、味のあるロゴマークは、コロンビアコーヒーの品質の伝播に大きく貢献してきた。現在、コーヒーはコロンビアの輸出品の10%を占めるほどで決して多いとは言えないが、この国のアイデンティティを象徴する農産物であることに変わりはない。

コロンビアコーヒーの風味
La Virginia, Huila

インフォメーション

- 年間生産量：870,000トン
- 世界市場シェア：9.6%
- 世界の生産量ランキング：3位
- 主な品種：カトゥーラ、カスティージョ
- 収穫時期：1年中
  (多くのミクロクリマが存在するため)
- 精製方式：ウォッシュド
- 味わいの特徴：心地よいボディ、甘い香味、ほどよい酸味。

コーヒー生産国 | 157

エクアドル

コーヒーの木が最初に植えられたのは、1860年、マナビ地方であった。コーヒー栽培は1980年代に全盛を迎えたが、1990年代に深刻な経済不振のために低迷した。生産量の大部分はインスタントコーヒー向けであり、生産性は高いが品質は低いロブスタ種、一部のアラビカ種の栽培が優先されている。しかしながら、この国、特に標高の高い地域には、上質なコーヒー豆を生む力が確実に宿っている。香りと味わいがよい品種（ティピカ、ブルボン）を厳選し、人手をうまく確保するなどして、高品質な豆作りに挑戦することは可能であろう。

エクアドルコーヒーの風味
LAS TOLAS

インフォメーション

- 年間生産量：36,000トン（アラビカ種：60％、ロブスタ種：40％）
- 世界市場シェア：0.4％
- 世界の生産量ランキング：19位
- 主な品種：ティピカ、ブルボン、カトゥーラ
- 収穫時期：5月〜9月
- 精製方式：ウォッシュド、ナチュラル
- 味わいの特徴：きれいな酸味、バランスの取れた味わい。

ボリビア

コーヒーの木は19世紀にこの地に持ち込まれたと言われている。乾季と雨季がはっきりと分かれている気候も標高の高さも、コーヒー栽培には理想的ではあるのだが、設備不足や、ペルー経由で輸出せざるを得ない内陸国ということが、発展にブレーキをかけている。生産量は少なく、約23,000の農家のほとんどは家族経営で、一農家あたりの畑の面積は2～8haほどである。ほとんどの農家には、化学肥料や農薬を買う資金がない。そのため、ボリビアのコーヒーは、特別な認証はないとしてもオーガニックと言うことができるであろう。また、ボリビアの生豆はトレーサビリティがよく、ロットのオリジンを農家まで遡ることができる。なかには素晴らしい品質のものもある。

ボリビアコーヒーの風味
7 ESTRELLAS

インフォメーション

- ▶ 年間生産量：5,400トン
- ▶ 世界市場シェア：0.1%
- ▶ 世界の生産量ランキング：36位
- ▶ 主な品種：ティピカ、カトゥーラ
- ▶ 収穫時期：7月～10月
- ▶ 精製方式：ウォッシュド
- ▶ 味わいの特徴：はっきりと際立った香味の特徴はない。甘みがあり、まろやかで、酸味が少ない。

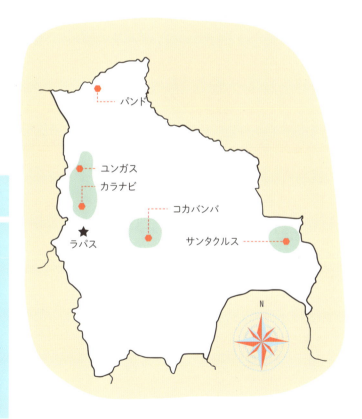

コーヒー生産国 | 159

ペルー

コーヒーの木は18世紀に出現し、19世紀から輸出されるようになった。オーガニック認証、さらにはフェアトレード認証を得たコーヒーの生産量で世界一になった。120,000ほどの小規模農家（一軒あたりの畑面積は3ha以下）による生産が大半を占める。標高の非常に高い場所（2,200m）で、プランテーションが行われている。ブラジルとコロンビアという2大国の陰で、ペルーコーヒーは（ボリビアと同様に）、この国ならではの個性が不足していることに悩まされている。

ペルーコーヒーの風味
EL MANGO

インフォメーション

- ▶ 年間生産量：228,000トン
- ▶ 世界市場シェア：2.5％
- ▶ 世界の生産量ランキング：8位
- ▶ 主な品種：ティピカ、ブルボン、カトゥーラ
- ▶ 収穫時期：7月〜9月
- ▶ 精製方式：ウォッシュド
- ▶ 味わいの特徴：甘みのある、すっきりした味わい。複雑味はあまりなくシンプル。

コーヒーの品種と特徴

MUNDO NOVO/ムンド・ノーボ

●起源：1940年代、ブラジルで発見された自然交配種（スマトラ×ブルボン）。
●形態：大きな木で、赤いコーヒーチェリーを付ける。
●耐性：中〜高の標高で病気に強い。
●生産性：高い（ブルボンよりも30%高）
●おすすめの抽出法：エスプレッソコーヒー
●味わいの特徴：個性豊かな風味がブラジルで人気。甘みが弱いこともある。

ICATU/イカトゥ

●起源：1985年にブラジルで作り出された人工交配種（［アラビカ×コフィア・カネフォーラ］）×ムンド・ノーボ×カトゥアイ）。品種として公認されたのは1993年になってから。
●形態：樹高が高く、チェリーも大粒。標高800m以上の場所での栽培に適している。
●耐性：病気、特にサビ病（P.137参照）に強い。
●生産性：ムンド・ノーボよりも30〜50%高い。
●おすすめの抽出法：エスプレッソコーヒー
●味わいの特徴：ロブスタ種が入っているので、グレードは中級と評価されているが、手をかけて栽培したものは、とても美味しいコーヒーに仕上がる。

TYPICA/ティピカ

●起源：アラビカ種のなかで最も古い品種。このティピカの突然変異や交配から、ブルーマウンテン、マラゴジッペなどの多種多様な品種が生まれた。
●生産国：生産量が少ない国もあるが、ほとんどの生産国で生産されている。
●形態：高さ3.5〜6mの円錐形の木。赤褐色の葉を付ける。
●耐性：標高の高い場所でよく耐える。
●生産性：低め
●おすすめの抽出法：エスプレッソコーヒー、フィルターコーヒー
●味わいの特徴：複雑な香味が広がる。

コーヒー生産国 161

コスタリカ

コーヒーの木が最初に植えられたのは18世紀。ヨーロッパへ輸出されるようになったのは1832年からである。現在は、50,000ほどの小規模農家（1軒あたりの栽培面積は5ha以下）がアラビカ種のみを栽培している。この国ではロブスタ種の栽培は法律で禁じられている。2000年に入ってから、スペシャルティコーヒーの需要に応えるため、小規模なウォッシング・ステーションが多数設置され、それぞれの生産者がその収穫物を個別に独立して処理することができるようになった。かつては複数の農家のロットが混合されていたが、今は各農家のロットをトレースすることが可能だ。このように自ら生産管理をすることで、生産者は様々な精製方式を試行し、実践することができるようになった。さらに、ウォッシング・ステーションは、コーヒー生産による廃水の環境影響を抑え、環境法を守るための工夫を凝らした方法で運営されている。コスタリカのインフラは高品質豆の生産向上に理想的と言える。

コスタリカコーヒーの風味
Hacienda Valerio

インフォメーション

- ▶ 年間生産量：89,160トン
- ▶ 世界市場シェア：1％
- ▶ 世界の生産量ランキング：14位
- ▶ 主な品種：カトゥーラ、ビジャサルチ、カトゥアイ
- ▶ 収穫時期：11月〜3月
- ▶ 精製方式：ハニープロセス、ナチュラル、ウォッシュド
- ▶ 味わいの特徴：甘みがあり、酸味が心地よい。複雑なテクスチャー。

パナマ

コーヒー栽培は19世紀末に導入された。豊かな火山性の土壌、標高の高い土地、豊富な雨量など自然条件に恵まれている。また、比較的生産量の少ない地域には、多くのミクロクリマ（微気候）が共存している。栽培は家族経営または中規模の農家による。1996年のコーヒー危機の後、パナマは成長の原動力として、スペシャルティコーヒーの道を選んだ。現在、パナマコーヒーは、その生産量はごく少ないものの、特にとても豊かな香味を持つゲイシャという品種の生産で、スペシャルティコーヒー市場で高く評価されている。パナマの土壌は、この品種の個性を申し分なく引き出すことができる。最高品質の生豆は、インターネットオークションで取引される。さらに、この国ではトレーサビリティが素晴らしく、生豆のロットが栽培された農家の畑の区画まで遡ることもできる。

パナマコーヒーの風味
GEISHA

インフォメーション

- 年間生産量：6,900トン
- 世界市場シェア：0.1%
- 世界の生産量ランキング：34位
- 主な品種：ゲイシャ、カトゥーラ、ティピカ、ブルボン、カトゥアイ
- 収穫時期：11月〜3月
- 精製方式：ウォッシュド、ナチュラル
- 味わいの特徴（上質なゲイシャの場合）：
  甘みのある上品な味わいで、バランスが取れている。複雑な香味。軽やかなボディ。フローラルな香りと爽やかな酸味が感じられる。

コーヒー生産国 | 163

グアテマラ

コーヒーの木は18世紀、イエスズ会修道士の手によってこの地に渡ったと言われている。コーヒー豆がヨーロッパへ最初に輸出されたのは1859年である。地形は複雑で、山岳地帯、火山性の土壌、平野、複雑なミクロクリマが、特徴の異なる多彩な香味を持つコーヒーを生み出している。現在、コーヒーは、この国の輸出農産物のなかで大きな割合を占めている。125,000ほどの生産者が各地方で栽培を行っていて、全体の栽培面積は270,000haに及ぶ。小規模のウォッシング・ステーションの数が増え、小ロット単位でトレーサビリティを確保しながら生産することができるようになった。重要な精製工程を管理するために、独自のウォッシング・ステーションを設ける生産者が増えている。

グアテマラコーヒーの風味
FINCA EL PILAR

インフォメーション

- ▶ 年間生産量：210,000トン（アラビカ種：99.6%、ロブスタ種：0.4%）
- ▶ 世界市場シェア：2.3%
- ▶ 世界の生産量ランキング：10位
- ▶ 主な品種：ブルボン、カトゥーラ、ティピカ、カトゥアイ、マラゴジッペ
- ▶ 収穫時期：11月〜3月
- ▶ 精製方式：ウォッシュド
- ▶ 味わいの特徴：柔らかな甘み、しっかりしたボディ、チョコレート系のノートを帯びたまろやかな味わい、フローラルな香り、ほどよい酸味など、テロワールによって香味特性が大きく異なる。

ホンジュラス

コーヒーの木が最初に植えられたのは18世紀末だと言われている。現在は、世界でも生産量の多い国に数えられ、10万以上の農家が小さな農園でコーヒーを栽培している。自然条件は中央アメリカの他の国に似ているが、輸送手段や、コーヒーチェリー精製施設の開発がこの国の大きな課題となっている。湿気が非常に多い地域では、生豆を乾燥させるパティオ（広場）の確保が難しい。生産者はトンネルを利用する、天日干しと機械乾燥を組み合わせるなどして、この問題を乗り切っている。ホンジュラスコーヒーは長い間、低品質、コモディティ市場向けとして扱われてきたが、数年前から、ホンジュラスコーヒー協会（IHCAFE）が品質向上のために、小規模生産者に向けて技術・設備支援や研修などの活動を行っている。

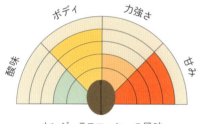

ホンジュラスコーヒーの風味
Jesus Moreno

インフォメーション

- 年間生産量：356,040トン
- 世界市場シェア：3.9%
- 世界の生産量ランキング：6位
- 主な品種：カトゥーラ、カトゥアイ、パカス、ティピカ
- 収穫時期：11月〜4月
- 精製方式：ウォッシュド
- 味わいの特徴：甘みが強く、軽やかな口当たりのものもあれば、溌剌とした酸味と複雑な果実味を感じるものもある。

コーヒー生産国 | 165

エルサルバドル

コーヒーの木が最初に植えられたのは19世紀。初めは国内消費用として生産されていたが、1880年頃から、政府が生産者たちに輸出を奨励するようになった。現在は、中規模の農園を持つ2万の栽培者が、品質に定評のあるコーヒーを生産している。生産量の60%以上はブルボンで、エルサルバドルコーヒーの個性はこの品種によるところが大きい。パカス、パカマラという品種も栽培されている。コーヒーの木のほとんどは、適度な日陰を作ってくれるシェードツリーとともに栽培されていて、こうした栽培法は森林消滅、土壌浸食の防止にも大きな役割を果たしている。インフラやトレーサビリティも良好だ。エルサルバドルコーヒー理事会（Consejo Salvadoreño del Café）は、肥沃な火山性の土壌、19世紀から栽培されているブルボン種を積極的にアピールし、国産豆の宣伝活動に力を注いでいる。

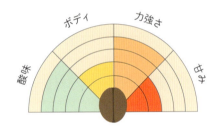

エルサルバドルコーヒーの風味
FINCA LA FANY

インフォメーション

▶ 年間生産量：37,380トン
▶ 世界市場シェア：0.4%
▶ 世界の生産量ランキング：18位
▶ 主な品種：ブルボン、パカス、パカマラ
▶ 収穫時期：11月〜3月
▶ 精製方式：ウォッシュド、ナチュラル
▶ 味わいの特徴：しっかりとしたボディでクリーミーな質感。柔らかな酸味で、バランスがよい。

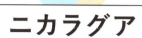

ニカラグア

栽培が始まったのは19世紀。この国の主要な輸出品目だが、不安定な政情、財政危機、自然破壊が長く続いたため、ニカラグアコーヒーはまだあまり知られていない。栽培面積が3haほどの小規模農家が大半を占める。最近まで、複数の農家で収穫されたコーヒーチェリーが大きなウォッシング・ステーションに集約、混合されていたため、トレーサビリティはよくなかった。けれど、一部の生産者は、コーヒーの品質とロットのトレーサビリティに賭けるメリットに気付き始めている。状況は変わりつつある…。

インフォメーション

- ▶ 年間生産量：126,000トン
- ▶ 世界市場シェア：1.4％
- ▶ 世界の生産量ランキング：12位
- ▶ 主な品種：カトゥーラ、パカマラ、ブルボン
  マラゴジッペ、カトゥアイ
  カティモール
- ▶ 収穫時期：10月〜3月
- ▶ 精製方式：ウォッシュド、ナチュラル、
  パルプド・ナチュラル（P.144参照）
- ▶ 味わいの特徴：チョコレート系の甘みを感じるタイプもあれば、フローラルな香りとほどよい酸味を感じるタイプもある。

コーヒー生産国 | 167

コーヒーの品種と特徴

CATUAI / カトゥアイ

●起源：ブラジルで生まれた人工交配種（ムンド・ノーボ×イエローカトゥーラ）で、1968年に商品化された。
●生産国：ブラジルと中央アフリカで多く栽培されている。
●形態：樹高は低い。
●耐性：風や悪天候に耐える（チェリーが落ちにくい）。標高800m以上の土地で、1haあたりの本数を増やすことが可能。
●生産性：良好。
●おすすめの抽出法：エスプレッソコーヒー
●味わいの特徴：スタンダード。

BOURBON / ブルボン

●起源：ティピカからの突然変異種で、レユニオン島原産（フランス革命前はブルボン島と呼ばれていた）。チェリーの色（赤、黄、橙）が異なる複数の品種が存在する。
●生産国：ほとんどの生産国で栽培されている。
●形態：チェリーがティピカよりも小粒。
●耐性：標高1,000～2,000mの土地に適している。
●生産性：収穫高はティピカよりも20～30％高いが、生産性が低い品種と見なされている。
●おすすめの抽出法：レッドブルボン／エスプレッソコーヒー、イエローブルボン／フィルターコーヒー、アイスコーヒー
●味わいの特徴：繊細で甘みのある味わい。ライトボディ。

GEISHA / ゲイシャ

●起源：1931年に、エチオピア南西部のゲシャという村の近くで発見されたことから、エチオピア原産と言われている。1932年、その種子がケニアに持ち込まれた。中央アメリカでは1950年代にコスタリカで栽培が試みられ、1963年になってようやくパナマに導入された。2000年代になって、ゲイシャと名付けられたこの品種は、スペシャルティコーヒーの世界で注目を浴びるようになった。
●生産国：パナマ、コロンビア、コスタリカ。
●形態：樹高が高く、葉、チェリー、種子が細長い。
●耐性：比較的よい。

●生産性：低い。標高1,500m以上の特定の土壌でのみ、良質なチェリーが育つ。
●おすすめの抽出法：どちらかといえばフィルターコーヒー
●味わいの特徴：香りの輪郭がはっきりとしている。フローラル系の複雑で洗練された香り。紅茶のようにサラッとした口当たりで、柑橘系、ベリー系の香味が感じられる。ゲイシャはパナマで開催される国際品評会、「ベスト・オブ・パナマ」で何度も優勝している。

PACAS / パカス

- 起源：ブルボンからの突然変異種。1949年にエルサルバドルで、パカスという名の栽培者によって発見された。
- 形態：樹高はブルボンよりも低い。
- 耐性：ブルボンよりも病気に強い。
- 生産性：標高の高い土地で比較的良好。
- おすすめの抽出法：エスプレッソコーヒー
- 味わいの特徴：ブルボンに似た香りと味わい。

PACAMARA / パカマラ

- 起源：エルサルバドル国立コーヒー研究所(ISIC)が1958年に始めた研究によって生まれた人工交配種(パカス×マラゴジッペ)。2つの品種の特徴を組み合わせることが目的だった。
- 生産国：エルサルバドル、メキシコ、ニカラグア、コロンビア、ホンジュラス、グアテマラ
- 形態：木は小ぶりだが種子は大きい。
- 耐性：悪天候、風によく耐える。たくましい。
- 生産性：パカスよりも高い。
- おすすめの抽出法：フィルターコーヒー
- 味わいの特徴：高地で良好な条件で栽培されたものは、複雑な香味と心地よい酸味をもたらす。

VILLALOBOS / ビジャロボス

- 起源：コスタリカ産ブルボンからの突然変異種。
- 形態：標準的な大きさのチェリー。
- 耐性：風に強い。
- 生産性：標高の高い土地で特別によい。
- おすすめの抽出法：エスプレッソコーヒー、フィルターコーヒー
- 味わいの特徴：豆本来の香味特性がよい。

CATURRA / カトゥーラ

- 起源：ブルボンからの突然変異種で、1937年、ブラジルのカトゥーラの町近くで発見された。
- 生産国：コロンビア、コスタリカ、ニカラグア。ブラジルで少し。
- 形態：樹高の低い木だが葉は大きい。
- 耐性：ブルボン、ティピカよりも強い。
- 生産性：ブルボンよりも高い。
- おすすめの抽出法：エスプレッソコーヒー、フィルターコーヒー
- 味わいの特徴：コロンビアで人気。一般的に、クォリティーはブルボンよりも低い。

VILLASARCHI / ビジャサルチ

- 起源：コスタリカのサルチの町近くで発見された、ブルボンからの突然変異種。
- 形態：チェリーは標準的な大きさで、葉は赤褐色。
- 耐性：比較的弱い。
- 生産性：標高の高い土地で良好。
- おすすめの抽出法：エスプレッソコーヒー
- 味わいの特徴：酸味と甘みがあり、クリーン。

メキシコ

コーヒーの木は18世紀末、アンティル諸島からメキシコへと渡った。最初の輸出が1802年であることを記した文書が残っている。メキシココーヒーは長い間、安価で平凡と見なされてきた。生産者たちは、生産性が低い、インフラが未整備、政府からの支援が不十分、などといった問題に直面していた。2012年にカップ・オブ・エクセレンスが開催されたことで状況が変わり始めた。この国際品評会は、メキシコの生産者たちに、個性のある、高品質のコーヒーをアピールする機会をもたらしたのである。中規模農園の多いメキシコは、世界でも生産量の多い国のひとつであり、また、フェアトレードやオーガニック認証を得たコーヒーの生産が多い国でもある。

メキシココーヒーの風味
FINCA KASSANDRA

インフォメーション

- ▶ 年間生産量：186,000トン
- ▶ 世界市場シェア：2%
- ▶ 世界の生産量ランキング：11位
- ▶ 主な品種：マラゴジッペ、パカマラ、ブルボン ティピカ、カトゥーラ、ムンド・ノーボ カトゥアイ、カティモール
- ▶ 収穫時期：11月〜3月
- ▶ 精製方式：ウォッシュド
- ▶ 味わいの特徴：甘みのある軽やかな味わい。リンゴ酸とクエン酸の爽やかさを感じる、まろやかでバランスの取れた風味のものもある。

ジャマイカ

1728年、ジャマイカ総督、ニコラス・ローズ卿がフランス領マルティニークからコーヒーの種子を持ち込んだ。栽培はキングストン地区で始まり、ジャマイカを象徴する品種の名の由来となったブルーマウンテン地区へと広がっていった。世界で最も高価な豆のひとつとして、長い間称えられてきたブルーマウンテンは、伝統的な麻袋ではなく、樽で出荷されている。ロットのほぼ全てが日本またはアメリカで消費されている。今やブランド化したブルーマウンテンには特別なオーラがあり、高級なプレミアムコーヒーとして珍重されている。ただ、まだこれほど有名ではないかもしれないが、世界には他にも、同様に素晴らしいスペシャルティコーヒーが存在する。

ジャマイカコーヒーの風味
BLUE MOUNTAIN

インフォメーション

- 年間生産量：1,000トン
- 世界市場シェア：0.1%
- 世界の生産量ランキング：44位
- 主な品種：ブルーマウンテン、ブルボン ティピカ
- 収穫時期：9月〜3月
- 精製方式：ウォッシュド
- 味わいの特徴：甘みのある豊かな味わい。滑らかな質感。

コーヒー生産国 | 171

ハワイ

最初のコーヒーの木は1825年、ブラジルからハワイへ渡り、植樹された。1980年代まではサトウキビ栽培が優先されていたため、コーヒー栽培量は少なかった。ハワイで最も有名なコーヒーは、ハワイ島コナ産のもの。この地区で生産された豆を10％以上配合したものに限り、「コナブレンド」とラベルに表示することができる。他の生産国に比べて、人件費、生産費が高いため、ハワイコーヒーの価格は高めである。

ハワイコーヒーの風味
KONA EXTRA FANCY

インフォメーション

- ▶ 年間生産量：3,500トン
- ▶ 世界市場シェア：0.1％
- ▶ 世界の生産量ランキング：41位
- ▶ 主な品種：ティピカ、カトゥアイ
- ▶ 収穫時期：9月〜1月
- ▶ 精製方式：ウォッシュド、ナチュラル
- ▶ 味わいの特徴：ほどよいボディ感。ほのかな酸味。

コーヒーの品種と特徴

BLUE MOUNTAIN / ブルーマウンテン

●起源：ティピカと他の品種から生まれた品種。ジャマイカの栽培地区であるブルーマウンテンの名を冠する。
●生産国：ジャマイカ、ハワイ（コナ地区）、ケニア西部（1913年以降）
●形態：ティピカのように、樹高が3.5〜6mになる高い木で、円錐形をしている。赤褐色の葉を付ける。

●耐性：十分に強く、標高の高い土地に順応する。
●生産性：低い。
●おすすめの抽出法：エスプレッソコーヒー、フィルターコーヒー
●味わいの特徴：まろやか。

MARAGOGYPE / マラゴジッペ

●起源：ティピカからの突然変異種で、ブラジルのバイーア州マラゴジッペ地方で発見された。
●生産国：グアテマラ、ブラジル
●形態：樹高が非常に高く、葉もチェリーも種子も大きい。

●耐性：標準的。
●生産性：低い。
●おすすめの抽出法：エスプレッソコーヒー、フィルターコーヒー
●味わいの特徴：甘みがありフルーティー。

KENT / ケント

●起源：インドで発見された品種で、ティピカと他の品種との雑種と言われている。1930年代から、インドで広く栽培されている。ケニアで栽培されているK7のベースとなった品種でもある。
●生産国：インド、タンザニア
●形態：ティピカに似ているが、種子はより大きい。

●耐性：サビ病に比較的強い。
●生産性：良好。
●おすすめの抽出法：エスプレッソコーヒー
●味わいの特徴：ほんのりとした酸味。まろやかな味わい。

インドネシア

インドネシア産のコーヒーは1711年から、オランダ東インド会社を介してヨーロッパに輸出されるようになった。当初はアラビカ種のみが栽培されていたが、1876年に、収穫量の大部分がサビ病に侵されてしまった。これをきっかけに、生産者はこの真菌性の病に強いロブスタ種を栽培するようになり、現在では生産量の大部分がロブスタ種である。この国の農園の90％は、1〜2haほどのごく小規模なものである。主な栽培品種はティピカ、ハイブリッド・デ・ティモール（スマトラ島では「ティムティム」という）、カトゥーラ、カティモール。

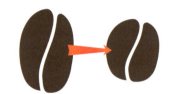

インドネシアコーヒーの風味
SULAWESI

インフォメーション

▶ 年間生産量：600,000トン（アラビカ種：16.5%、ロブスタ種：83.5%）
▶ 世界市場シェア：6.6%
▶ 世界の生産量ランキング：4位
▶ 主な品種：ティピカ、ハイブリッド・デ・ティモール、カトゥーラ、カティモール
▶ 収穫時期：10月〜5月（スラウェシ島）
　　　　　　10月〜3月（スマトラ島）
　　　　　　6月〜10月（ジャワ島）
▶ 精製方式：セミウォッシュド（ギリン・バサ）
　　　　　　ナチュラル、ウォッシュド
▶ 味わいの特徴：
スマトラ島／スパイスと樹木のニュアンス。重厚なボディで酸味はごく少ない。
スラウェシ島／酸味が少なく、まったりとした口当たり。スパイスやハーブを感じさせる香味。
ジャワ島／重厚なボディで酸味はごく少ない。土っぽい香り（アーシー）。

インドネシア

それぞれの島で生産方針が異なる。

スマトラ島
インドネシア最大の島。コーヒーは北部（アチェ、リントン）と南部（ランプン、マングラジャ）で、標高800〜1,500mの高地で栽培されている。精製は「ギリン・バサ」式（セミ・ウォッシュド式、P.144参照）を採用していて、生豆に独特な青みがかった色が付く。

スラウェシ島
アラビカ種の割合が他の島よりも多い。栽培地は西部、南西部の標高1,100〜1,500mの高地に広がっている。最も有名な地区は、島のなかで一番標高が高く、コーヒー栽培に最適な条件が揃っているタナ・トラジャ地区だ。他にもママサ、エンレカン、ゴワといった地区がある。アラビカ種のなかで最も多く栽培されている品種はS795（ティピカの交配種）。伝統的に「ギリン・バサ」式で精製されているが、ウォッシュド式も行われている。

ジャワ島
ロブスタ種が主流で、標高の低い場所にあるインドネシア最大の農園で、政府の管理下で栽培されている（オランダ植民地時代の名残り）。アラビカ種は、標高1,400〜1,800mの高地で栽培されている。ウォッシュド式による精製が普及している。

コピ・ルアク

ジャコウネコ（インドネシア語で「ルアク」）の糞から採られるコーヒー豆のこと。東南アジアに生息するルアクは、コーヒーチェリーを食べて果肉のみを消化し、種を糞とともに排出する。この発見は、インドネシアのプランテーションがオランダに所有されていた18世紀に遡る。当時、地元の農夫たちは、ヨーロッパ向けの高価な輸出品であったコーヒーを飲むことを禁じられていた。そこで、ジャコウネコの体から出てきた豆に目を付けて、この禁止令をうまく切り抜けていた。この貴重な豆は動物体内での消化時に発酵するため、独特な香り（より甘やかで豊満な香り）を放つ。現在、コピ・ルアクは世界で語り継がれるコーヒー界の神話のような存在になっている。ただ残念なことに、その成功にあやかるために、ジャコウネコを檻に入れてコーヒーチェリー（よく選果されているとは限らない）を食べさせ、この特殊な豆の生産量を増やしている心無い生産者がいる。このような疑わしい行いとともに価格が高騰していることから、コピ・ルアクは度々議論の的となっている。

インド

コーヒーがこの地に伝わったのは1670年。メッカに向かっていたババ・ブダンという巡礼者がイエメンで手に入れた7粒の種子を、カルナータカ地方（インド西部）のチャンドラギリの丘に植えたと言われている。イギリス統治下にあった19世紀以降、コーヒーの交易が急速に栄えた。当時はアラビカ種が主流だったが、サビ病の被害が原因で、生産者はロブスタ種や交配種（アラビカ種×リベリカ種）を栽培するようになり、さらには、コーヒー豆から茶葉の栽培に切り換えるようになった。1942年、インド政府はコーヒーの輸出を規制することを決定した。規制が解かれたのは1990年代になってからである。現在、生産者の数は25万ほどで、1農園あたりの栽培面積は4ha以下である。アラビカ種は主に標高1,000～1,500mの高地で、シェードツリーと呼ばれる他の樹木（胡椒、カルダモン、バナナ、ヴァニラなど）が作る陰の下で育てられている。

インドコーヒーの風味
MALABAR MOUSSONNÉ

インフォメーション

- ▶ 年間生産量：319,980トン（アラビカ種：27.45%、ロブスタ種：72.5%）
- ▶ 世界市場シェア：3.5%
- ▶ 世界の生産量ランキング：7位
- ▶ 主な品種：サルチモール、ケント、カティモール、S.795
- ▶ 収穫時期：1月～3月
- ▶ 精製方式：モンスーニング、セミ・ウォッシュド、ウォッシュド、ナチュラル
- ▶ 味わいの特徴：（次頁参照）

コーヒーの品種と特徴

SARCHIMOR / サルチモール

- 起源：人工交配種（ビジャ・サルチ×ハイブリッド・デ・ティモール）
- 生産国：コスタリカ、インド
- 耐性：コフィア・カネフォーラの遺伝子を受け継いでいるので、サビ病により強い。
- 生産性：まずまずよい（平均1,000kg/ha）。
- おすすめの抽出法：エスプレッソコーヒー
- 味わいの特徴：特に目立った特徴はない。

HIBRIDO DE TIMOR / ハイブリッド・デ・ティモール

- 起源：1920年代にティモールで発見された自然交配種（コフィア・アラビカ×コフィア・カネフォーラ）。ブラジルのカティモールやサルチモール、ケニアのルイル11など様々な人工交配種の開発に用いられた品種である。
- 生産国：インドネシア
- 形態：アラビカ種のように44本の染色体を持つ。
- 耐性：よい。
- 生産性：まずまずよい（平均1,000kg/ha）
- おすすめの抽出法：エスプレッソコーヒー
- 味わいの特徴：ロブスタ種の遺伝子を受け継いでいるため、香りや味わいに対する評価はあまり高くない。

CATIMOR / カティモール

- 起源：ポルトガルで開発された人工交配種（ハイブリッド・デ・ティモール×カトゥーラ）
- 他の生産国：中央アメリカ、南アメリカ
- 形態：標準的な大きさのチェリー。
- 耐性：よい。どちらかと言うと標高の低い場所に適応する。
- 生産性：高い。
- おすすめの抽出法：エスプレッソコーヒー
- 味わいの特徴：クォリティーはあまりよくない（コフィア・アラビカとコフィア・カネフォーラの自然交配種であるティモールと組み合わせているため）。

モンスーンド・コーヒー

インドで最も有名なコーヒーはモンスーン・マラバールだ。独特な精製方式を用いることで、かなり個性的な香味が生まれる。植民地時代、インドからヨーロッパへと運ばれる長い航海の間、生豆は湿気と海風にさらされて膨らみ、早く熟成し、他にはない珍しい香味を帯びるようになった。現代ではこの独特な香味を再現するために、生豆を風通しのよい倉庫に広げて、モンスーンの湿った空気を浸み込ませるという手法がとられている。湿気で膨らんだ生豆は酸味を失い、黄色がかった色になる。一杯のコーヒーにすると、土のような香りと、酸味のない、まったりとした味わいを楽しめる。

CHAPITRE 5
第5章

ANNEXES
付録

おすすめのコーヒー店 & イベント

フランス：焙煎職人の店

Caffè Cataldi / Hexagone Café
15, rue Gonéry
22540 Louargat
caffe-cataldi.fr
hexagone-cafe.fr

La caféothèque
52, rue de l'Hôtel de Ville
75004 Paris
lacafeotheque.com

Coutume Café
8, rue Martel
75010 Paris
coutumecafe.com

Café Lomi
3ter, rue Marcadet
75018 Paris
cafelomi.com

La brûlerie de Belleville
10, rue Pradier
75019 Paris
cafesbelleville.com

La brûlerie de Melun
4 rue de Boisettes
77000 Melun
cafe-anbassa.com

La fabrique à café
7, place d'Aine
87000 Limoges
lafabriqueducafe.fr

Café Mokxa
9, boulevard Edmond Michelet
69008 Lyon
cafemokxa.com

Café Bun
5, rue des Étuves
34000 Montpellier

L'alchimiste
87, quai des Queyries
33100 Bordeaux
alchimiste-cafes.com

Terres de café
terresdecafe.com

Cafés Lugat
maxicoffee.com

世界のコーヒーイベント

WCE（World Coffee Events）

世界最大規模のコーヒーの祭典の名称及びその運営を行う団体の名称。2012年に、それまで独立して開催されていた各種世界大会を一つにまとめる形で発足、以降開催地を変えながら毎年開かれている。以下の全7種の世界大会が同時に開催され、各国の国内大会で優勝するなどした出場資格者が、国の代表者として参加することが可能。

1. World Barista Championship
   （WBC、ワールドバリスタチャンピオンシップ）
2. World Latte Art Championship
   （WLAC、ワールドラテアートチャンピオンシップ）
3. World Brewers Cup
   （WBrC、ワールドブリューワーズカップ）
4. World Coffe In Good Spirits Championship
   （WCIGS、ワールドコーヒーインググッドスピリッツチャンピオンシップ）
5. World Cup Tasters Championship
   （WCTC、ワールドカップテスターチャンピオンシップ）
6. World Coffee Roasting Championship
   （WCRC、ワールドコーヒーロースティングチャンピオンシップ）
7. World Cezve/Ibrik Championship
   （ワールドジャズベ／イブリックチャンピオンシップ）

HOST Milan

コーヒー産業に関わる世界各国の主要なメーカーが出展する、2年に1度イタリアのミラノで開催される展示会。

The SCAA Expo

「アメリカスペシャルティコーヒー協会（S.C.A.A）」による、スペシャルティコーヒーの見本市。SCAAは栽培・ロースト・醸造の産業規格を設定している世界最大のコーヒー取引業団体。

MICE（Melbourne International Coffee Expo）

オーストラリア、メルボルンで年に一度開催されるコーヒー見本市。バリスタのコンテストや、勉強会等が4日間に渡って開催される。

World Aeropress Championship

世界約40カ国で開催されるエアロプレス世界大会（WAC）。エアロプレスを使用してコーヒーを抽出する技術を競うトーナメントで、各国で開催される大会の優勝者のみが、この世界大会に参加できる。

世界のコーヒーショップ

フランス
パリ

Hexagone Café
121, ruc du Château
75014 Paris

Coutume
47, rue de Babylone
75007 Paris

Dose
73, rue Mouffetard
75005 Paris

Lobligeois
82, Place du Dr Félix
75017 Paris

Fragments
76, rue des Tournelles 75003
Paris

Honor
54, rue du Faubourg Saint
Honoré
75008 Paris

Loustic
40, rue Chapon
75003 Paris

Matamata
58, rue d'Argout
75002 Paris

Télescope
5, rue Villedo
75001 Paris

エク・サン・プロヴァンス

Cafeism
20, rue Jacques de la Roque
13100 Aix-en-Provence

Mana Espresso
12, rue des Bernardines
13100 Aix-en-Provence

アンボワーズ

Eight o'clock
103, rue Nationale
37400 Amboise

ボルドー

Black List
27 place Pey Berland
33000 Bordeaux

La Pelle Café
29 rue Notre Dame
33000 Bordeaux

リヨン

La boîte à café
3, rue Abbé Rozier
69001 Lyon

Puzzle Café
4, rue de la Poulaillerie
69002 Lyon

ポー

Détours
14 rue Latapie
64000 Pau

ストラスブール

Café Bretelles
2, Rue Fritz
67000 Strasbourg

トゥール

Le petit atelier
61 rue Colbert
37000 Tours

イギリス
ロンドン

Association Coffee
10-12 Creechurch Ln
London EC3A 5AY, UK

Prufrock Coffee
23-25 Leather Ln
London EC1N 7TE, UK

Workshop Coffee
27 Clerkenwell Rd, London
EC1M 5RN, UK

アイルランド
ダブリン

3fe
32 Grand Canal Street
Lower, Dublin 2, Irlande

Meet Me In The Morning
50 Pleasants Street
Portobello, Dublin 8, Irlande

デンマーク
コペンハーゲン

The Coffee Collective
Godthåbsvej 34B
2000 Frederiksberg,
Danemark

ノルウェー
オスロ

Tim Wendelboe
Grünersgate 1
0552 Oslo, Norvège

Supreme Roastwork
Thorvald Meyers gate 18A
0474 Oslo, Norvège

スウェーデン
ストックホルム

Drop Coffee
Wollmar Yxkullsgatan 10
118 50 Stockholm, Suède

イタリア
フィレンツエ

Ditta Artigianale
Via dei Neri, 32/R
50122 Florence, Italie

アメリカ
ニューヨーク

Everyman Espresso
301W Broadway
New York, NY 10013, États-
Unis

レイクウッド／デンバー

**Sweet Bloom Coffee
Roasters**
1619 Reed St.
Lakewood CO 80214,
États-Unis

ロサンジェルス

G&B Coffee
C 19, 317 S Broadway
Los Angeles CA 90013,
États Unis

シアトル

Espresso Vivace／Alley 24
227 Yale Ave N
Seattle WA 98109,
États-Unis

カナダ
モントリオール

Cafe Myriade
1432 rue Mackay, Montréal
QC H3G 2H7, Canada

日本
東京

フグレントウキョウ
〒151-0063 東京都渋谷区
富ケ谷1-16-11

オーストラリア
メルボルン

St Ali Coffee Roasters
12-18 Yarra Pl
South Melbourne VIC 3205,
Australie

ブラジル
サンパウロ

Isso é Café
R. Carlos Comenale, s/n-
Bela Vista, São Paulo-SP,
Brésil

コーヒーショップのお菓子

バリスタはコーヒーのお供として、アングロサクソン系のお菓子を出すことが多い。ここでは、著者のコーヒーショップ《HEXAGONE CAFÉ》(レグザゴヌ・カフェ)にお菓子を提供している、パリのパティシエ、ヨハン・キム氏のレシピを紹介する。

キャロットケーキ

材料(8～10人分)
直径22cm　丸型　1台分
柔らかくしたバター：75g
グラニュー糖：200g
卵：3個
塩：5g
薄力粉：300g
ベーキングパウダー：10g
シナモンパウダー：5g
ギリシャヨーグルト：150g
すりおろしたニンジン：300g
刻んだクルミ
(またはヘーゼルナッツ、アーモンド)：100g

1　オーブンを180℃に温めておく。
2　バターにグラニュー糖を加えて、均一になるまで混ぜ合わせる。
3　卵に塩を加えて混ぜる。他のボウルを用意して、薄力粉、ベーキングパウダー、シナモンパウダーをふるいにかける。
4　2のバターに、3の卵、ふるいにかけた粉、ヨーグルト、すりおろしたニンジン、刻んだクルミの順に加えて、その都度混ぜ合わせる。
5　バターを塗った型に生地を流し込み、オーブンで35分間焼く。
6　焼き上がったキャロットケーキを冷まして型から出し、均等に切り分ける。好みでデコレーションする。

> カプチーノとともに。

フィナンシェ

材料(20個分)
アーモンドパウダー：150g
グラニュー糖：100g
薄力粉：20g
卵白：200g
バター：150g

1 オーブンを180℃に温めておく。
2 アーモンドパウダー、グラニュー糖、薄力粉をふるいにかける。
3 2に卵白を加えて混ぜる。
4 電子レンジでバターを溶かして3に加え、均一になるまで混ぜる。
5 フィナンシェ型に生地を流し込み、オーブンで9〜10分間焼く。
6 フィナンシェを冷まし、型からそっと取り出す。

> エスプレッソコーヒーとともに。

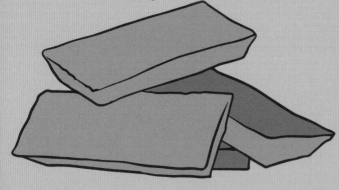

チョコレート・クッキー

材料(20個分)
グラニュー糖：120g
卵：1個
薄力粉：50g
ココアパウダー：25g
柔らかくしたバター：50g
ブラックチョコレート：100g

1 オーブンを165℃に温めておく。
2 ボウルにグラニュー糖と卵を入れ、白っぽくなるまで混ぜる。
3 薄力粉、ココアパウダーをふるいにかけ、2に加えて混ぜる。
4 バターをゴムべらで練って柔らかくする。ブラックチョコレートを砕く。3にバター、次にチョコレートを加える。
5 オーブンシートを敷いた天板の上に、生地を、間隔をあけながら小さな円形状に整え、オーブンで15〜20分間焼く。
6 クッキーを冷まし、オーブンシートからそっと剥がす。

> エスプレッソコーヒー、フィルターコーヒーとともに。

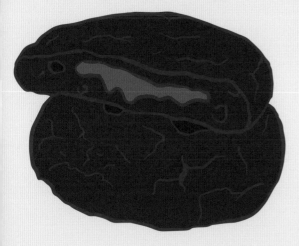

付録 | 183

索引

あ

アイスコーヒー ・・・・・・・・・・ 106-109
アイリッシュ・コーヒー ・・・・・・・・ 75
アキーレ・ガジア ・・・・・・ 41, 60, 61
浅煎り ・・・・・・・・・・・・・・・・・・115
麻袋 ・・・・・・・・・・・・・・・・・・・・ 147
アジア ・・・・・・・・・・・・・・・・・・ 119
アタック ・・・・・・・・・・・・・・・・・・ 46
アラン・アドラー ・・・・・・・・・・・・・ 88
あひる（コーヒーに浸した角砂糖）・・・ 8
アフォガート ・・・・・・・・・・・・・・・ 75
アフリカ ・・・・・・・・・・・・・・・・・・ 119
アフリカ式高床の乾燥棚
・・・・・・・・・・・・・・・ 142, 143, 144
甘味 ・・・・・・・・・・・・・・・・・・・・ 114
アメリカ ・・・・・・・・・・・・・・・ 12, 171
アメリカーノ ・・・・・・・・・・・・ 11, 59
アメリカスペシャルティコーヒー協会
（SCAA）・・・・・・・・・・・・・・・ 127
アラビカ ・・・・・・・・・・・ 16, 17, 115
アラブスタ ・・・・・・・・・・・・ 138, 139
アルフォンソ・ビアレッティ ・・・・・・ 100
アロマ ・・・・・・・・・・・・ 30, 43, 112
アンジェロ・モリオンド ・・・・・・・・・ 40

い

E61 ・・・・・・・・・・・・・・・・・ 49, 54
イカトゥ ・・・・・・・・・・・・ 139, 156, 161
イタリア ・・・・・・・・・・・・ 12, 16, 59
一時硬度（KH）・・・・・・・ 33, 34, 35
イデアーレ ・・・・・・・・・・・・・・・・・ 41
イブリック ・・・・・・・・・・・ 13, 21, 27
インスタントコーヒー ・・・・・・・・・・ 16
インド ・・・・・・・・・・ 141, 173, 176, 177
インドネシア ・・・ 141, 144, 174-175, 177

う

ヴィンテージ ・・・・・・・・・・・・・・・ 140
ウォッシュド（精製方式）・・・ 143, 145, 146

え

エアルーム ・・・・・・・・・・・・・ 138, 155
エアロプレス ・・・・・・ 20, 27, 79, 88-89
永久硬度 ・・・・・・・・・・・・・・・・・・ 33
エクアドル ・・・・・・・・・・・・・ 141, 158
SL28 ・・・・・・・・・・・・ 139, 151, 155
SL34 ・・・・・・・・・・・・ 139, 151, 155
エスプレッソ ・・・・・・・・・・・・・・・・ 12
エスプレッソグラインダー（ドサ―なし）
・・・・・・・・・・・・・・・・・・・・・・・ 29
エスプレッソグラインダー（ドサ―付き）
・・・・・・・・・・・・・・・・・・・・・・・ 28
エスプレッソコーヒー ・・・ 10, 19, 34
39, 59, 61, 64, 117, 118, 183
エスプレッソコーヒーのスタイル ・・・ 59
エスプレッソコーヒーの分布図
・・・・・・・・・・・・・・・・・・・・64-65
エスプレッソの濃度 ・・・・・・・・・・・ 58
エスプレッソの味わい方・・・・・・ 42, 44
エスプレッソマシン ・・・ 21, 27, 48-53
エスプレッソカップ ・・・・・・・・・・・・ 37
エスプロプレス ・・・・・・・・・・・・・・ 87
エチオピア ・・・・・・ 13, 132, 137, 141
142, 143, 150, 155
エドゥアール・ロワゼル・ド・サンテ
・・・・・・・・・・・・・・・・・・・・・・・ 40
エルサルバドル ・・・ 141, 143, 166, 169

お

オーガニック（有機栽培）
・・・・・・・・17, 137, 150, 156, 159, 160, 170
オーストラリア ・・・・・・・・・・・・ 59, 73
オールドクロップ ・・・・・・・・・ 46, 140
オランダ ・・・・・・・・・・・・・・・・・・ 37
温度・・・・・・・・ 42, 53, 54-55, 63, 104
お湯出しアイスコーヒー ・・・・・ 107, 108

か

外皮・・・・・・・・・・・・・・・・・・・・ 132
攪拌 ・・・・・・・・・・・・・・・・・・・・ 105
カスティージョ ・・・・・・・・・・・・・ 157

ガス抜きバルブ ・・・・・・・・・・ 120, 123

活性炭フィルター ・・・・・・・・・・・・ 35
カッピング ・・・・・・ 36, 119, 124-125
カッピングスプーン・・・・・・・・ 124, 125
カップ・オブ・エクセレンス
・・・・・・・・ 121, 152, 153, 156, 170
過抽出 ・・・・・・・・・・・・・・・・・・・ 62
カティモール ・・・・・・・ 139, 167, 170
174, 176, 177
家庭焙煎 ・・・・・・・・・・・・・・・・・ 113
家庭用マシン ・・・・・・・・・・・ 53, 56
家庭用モデル ・・・・・・・・・ 48, 50, 55
果肉 ・・・・・・・・・・・・・・・・・・・・ 132
カトゥアイ ・・・・・・ 113, 138, 156, 162
163, 164, 165, 167, 168, 170, 172
カトゥーラ ・・・・・・ 113, 139, 156, 157
158, 159, 160, 162, 163, 164, 165, 167
169, 170, 174
カフェイン ・・・・・・・・・ 45, 115, 128
カフェインレスコーヒー（デカフェ）・・・・・9
カフェオレ ・・・・・・・・・・・・・・・・・ 75
カフェモカ ・・・・・・・・・・・・・・・・・ 10
カフェラテ ・・・・・・・・・・・・・・・・・ 74
カプセル ・・・・・・・・・・・・・・・・・・ 49
カプセル式マシン ・・・・・・・・・ 49, 51
カプチーノ ・・・・・・・・ 11, 51, 69, 73
カプチーノ・フラッペ ・・・・・・・・・・ 75
カプチーノとその仲間たち ・・・・・・・ 73
カリタウェーブ ・・・・・・・・・・・ 98-99
カルロ・エルネスト・バレンテ ・・・・ 49
乾燥 ・・・・・・・・・・・ 114, 142-145

き

気圧 ・・・・・・・・・・・・・・・・・・・・ 53
キナ酸 ・・・・・・・・・・・・・・・・・・・ 45
生豆・・・・・・・・・・18, 112, 113, 114, 116
117, 140, 146-147
生豆の色・・・・・・・・・・・ 115, 116, 147
生豆の投入量・・・・・・・・・・・ 20, 113
臼歯・・・・・・・・・・・・・・・・・・ 21, 30
吸熱反応・・・・・・・・・・・・・・・・・ 114
業務用グラインダー ・・・・・・・・・・ 29

業務用マシン ·················· 50, 53, 56
業務用モデル ·····················50, 55
ギリン・バリ ·························· 144
金属フィルター ························ 85

く
グアテマラ ·········141, 164, 169, 173
クエン酸 ····························· 45
グラス ··························· 36, 78
グラム数 ························ 62, 65
クリーナー、洗剤 ····················· 52
クリーン ························ 21, 46
クリュ ····························· 20
グループ ························ 50, 51
GrainPro® ························· 147
クレバーコーヒードリッパー ············ 90
クレマ ······················39, 43, 48

け
ゲイシャ ··············· 138, 163, 168
K7 ······························151
欠点豆 ····························· 147
ケトル(ドリップポット) ······· 78, 79, 124
ケニア ·······141, 143, 151, 155, 168, 173
ケメックス ··········· 20, 27, 79, 96-97
ケント ························· 173, 176
原種 ························· 150, 155

こ
工業用焙煎機 ······················113
硬度 ························· 32, 33
香味特性 ························· 142
濃さ、強さ ················· 46, 81, 82
粉の粒度 ··········· 20, 26, 27, 29, 62
コーヒーオイル(油分) ·······26, 39, 67
コーヒーオイルの跡 ·················· 63
コーヒーカップ ···················36, 78
コーヒーショップ ········ 14, 121, 181, 182
コーヒーチェリー ··········· 18, 20, 132
134, 135, 142, 143
コーヒーに関わる職業 ················ 18
コーヒーの栽培 ·················132-133
コーヒーの色 ························ 81
コーヒーの精製方式 ················· 142
コーヒーの品種 ····················· 138
コーヒーの粉··············· 21, 26, 27

コーヒーの粉の分量 ······· 60, 61, 105
コーヒーの木
··········· 16, 18, 132, 133, 134-137
コーヒーパック ······················123
コーヒーフィルター ········· 78, 84-85
コーヒープレス(フレンチプレス)
··············· 21, 27, 79, 86-87
コーヒーベルト ······················133
コーヒーミル(コーヒーグラインダー) ····· 28
コーヒーミルのボディ(お手入れ) ····· 31
コーヒーメーカー ··············102, 103
コーヒー生産国 ·············· 148-149
コーヒー生産者 ····················· 18
コーヒー豆 ············ 17, 18, 19, 112
113, 114, 115, 116, 117, 132, 143
コーヒー豆の鮮度 ················· 140
コーヒー豆の挽き目(粒度) ··········· 27
コーヒー豆の保存方法 ··············· 122
コーヒー豆を挽く ··············26-27
コーヒー用語集 ····················· 20
コールドブリュー ··············· 36, 108
コスタリカ ··········· 141, 142, 162
168, 169, 177
コナ ····························· 138
コニカルカッター ····················· 30
コピ・ルアク ························ 175
コフィア・アラビカ
··········· 16, 133, 136, 137, 139, 142
コフィア・カネフォーラ ················139
コフィア・リベリカ ····················139
ゴムパッキン ························· 88
コルタード ························· 74
コロンビア ····· 141, 143, 157, 168, 169
梱包 ····························· 147

さ
サーモブロック ······················ 55
サイフォン ······· 13, 20, 27, 79, 92, 93
サステイナビリティー ···················118
砂糖 ·········· 8, 42, 45, 80, 81, 114
サビ病 ··························· 137
サルチモール ··········· 139, 176, 177
酸敗臭 ····························· 46
酸味 ··············· 44, 45, 81, 114

し
CO_2(脱カフェイン処理) ·················· 129

ジェズヴェ ························· 13
塩味 ····························· 45
自家焙煎 ·························112
試験紙 ····························· 33
自然乾燥式(ナチュラル) ·······142, 145
ジャパニーズ・アイスコーヒー ······· 109
ジャマイカ ············ 141, 171, 173
ジャワ島 ·························175
収斂性(渋味) ·················· 44, 45
樹木の匂い(ウッディ) ················· 46
消費期限 ·························122
賞味期限 ···················120, 122
収穫 ··············· 140, 141, 142
蒸気圧、高圧 ············ 39, 53, 60
蒸発残留物 ························· 32
ショートコーヒー ····················· 40
所作 ·························56-57
ショット ····························· 21
シルバースキン(銀皮) ················132
真空パック ························ 147
シングルオリジン ·····················118
シングルボイラー ················ 54, 55
浸漬法 ·············· 77, 90, 104
浸透圧式 ····················· 21, 34

す
スイス式水抽出法(SWP)············· 129
水洗式(ウォッシュド) ·············143, 145
スウェーデン ························ 13
酢酸 ····························· 45
スタイル ····························· 59
スチームノズル ······················ 68
ストレッカー分解反応 ·················114
ストロー ····················· 11, 106
スペシャルティコーヒー····· 17, 121, 140
スマトラ ························· 138
スマトラ島 ·························175
スラウェシ島 ·························175
スリランカ ·························137

せ
石灰分 ···················32, 33, 35
折衷方式 ·····················144, 145
セミ・ウォッシュド(精製方式) ···144, 145
全自動マシン ················ 49, 51
選別 ····························· 147

た

タイマー、プログラム機能 ……… 56
タイマー …………………… 78, 124
脱カフェイン処理 …………128-129
ダブルエスプレッソ …………… 10
ダブルボイラー ……………… 54, 55
タンザニア ……………………… 173
タンパー …………………… 21, 56, 57
タンピング ……………………… 56
タンブラー ……………………… 36

ち

窒素 ……………………………… 127
チャンバー(粉砕室) …………… 31
抽出 ……………… 53, 57, 58, 60
抽出時間 …………………… 62, 105
抽出器 …………………… 20-21, 103
抽出不足 ………………………… 62
抽出湯温 …………………… 54-55
抽出量(液量) ……………… 60, 61
チューリップ(ラテアート) …… 71
中央アメリカ ……… 119, 168, 177
チョコレート …………………… 9, 73

て

テイスティング(エスプレッソコーヒー)
…………………………………42-47
テイスティング(フィルターコーヒー)
………………………………… 80-83
テイスティングノート
……………………47, 83, 124, 125
TDS ……………………… 58, 65
ティピカ ……… 138, 158, 159, 160, 161
163, 164, 165, 170, 171, 172, 174
ティーポ・ジガンテ ……………… 41
ティムティム …………………… 174
テイン …………………………… 22
デカフェ(カフェインレスコーヒー) … 9
テクスチャー(触感) …………… 44
デジタルスケール(はかり)
………………………… 61, 78, 124
デジデロ・パヴォーニ …………… 41
手挽きミル ……………………… 28
テロワール(産地) ……………… 51
天日干し …………………142-145

と

透過法 …………………… 77, 104
ドサー(お手入れ) ……………… 31
突然変異 …………………… 16, 139
トラディショナルマシン ………… 49
ドラム型焙煎機 ………………… 113
トリゴネリン …………………… 45
ドリップメーカー ……………… 27
トリノ博覧会(1884) …………… 40
トルコ …………………………… 13
トルココーヒー ………………… 13
トレーサビリティ ……………… 120

な

ナチュラル(精製方式) ……… 142, 145, 146

に

苦味 …………………………… 44, 45
ニカラグア ……………… 141, 167, 169
西アフリカ ……………………… 16
日本 …………………………… 13, 171
ニュージーランド ……………… 59, 73
ネルフィルター ………………… 84

ね

ネ(鼻先で感じる香り) ……… 43, 66, 81, 82
熱分解 …………………………114

の

濃度 …………………………… 58
ノルウェー ……………………… 13

は

焙煎(ロースト) ………… 20, 112-117
焙煎職人 …………… 19, 20, 112, 116
パージ …………………………… 57
パーチメント …132, 134, 143, 144, 146
発熱反応 ……………………………114
ハート(ラテアート) …………… 70
焙煎進行 …………………… 114, 115
パカス ……… 113, 139, 165, 166, 169
パカマラ …… 138, 166, 167, 169, 170
パストクロップ ………………… 121, 140
ハゼ ……………………… 21, 114

は (右列)

バックフラッシュ ……………… 52
パドル …………………………… 78
パナマ ………… 141, 142, 143, 163, 168
パラメーター …………………… 21, 60
バランス …………………… 45, 46, 58
ハリオV60 ……… 13, 20, 27, 79
94-95, 109
バリスタ … 19, 20, 26, 51, 56, 117, 121
パリ万博博覧会(1855) …………… 40
バルザック(オノレ・ド・バルザック) …118
パルプド・ナチュラル(精製方式)
…………………… 144, 145, 146
ハワイ ………………… 141, 172, 173
播種 ……………………………… 136

ひ

PID機能 ……………………… 55
ピーター・シュラムボーム ……… 96
ヒートエクスチェンジャー …… 54, 55
ピーベリー …………………………151
ビジャサルチ ……… 139, 162, 169
ビジャロボス ……………138, 169
標高 ……………………………… 137
品種 …………… 16, 138-139, 155, 161
168-169, 173, 177

ふ

フィナンシエ(レシピ) ………… 183
フィニッシュ …………………… 46
フィルター …………………… 48
フィルターカートリッジ ………… 35
フィルターコーヒー ……… 12, 13, 23
34, 76-83, 117, 183
フィルターコーヒー(カフェ・フィルトル)
…………………………………… 77
フィルターホルダー ………48, 56, 57
風味 ……… 45, 114, 115, 116, 126-127
フェアトレード ……… 17, 160, 170
ブラインドフィルター …………… 52
ブラジル ……… 137, 141, 142, 144
156, 161, 168, 169, 173
ブラッスリー …………………… 15
フラットカッター ……………… 30
フラットホワイト ……………… 73
フラプチーノ …………………… 11
フリードリープ・フェルディナンド・
ルンゲ …………………… 128

186 | Annexes

ふるい ……………………………… 107
ブルーマウンテン … 138, 161, 171, 173
ブルボン … 113, 138, 154, 156, 158
160, 163, 164, 166, 167, 168, 170, 171
ブルボン・ポワントゥ ……… 154, 155
ブルンジ ………………………… 141, 163
フレーバー …………………………… 46
フレーバーホイール ………126-127
フレンチプレス ………………86-87
ブレンド ………………………… 118, 119
フロー・リストリクター……………… 79
プロシューマー ………… 50, 51, 55
プロペラ式ミル …………………… 29

へ
pH ……………………………32, 33, 35
ペーパーフィルター ………………… 84
ペーパーフィルターの折り方 …… 96, 97
ベビーチーノ ………………………… 73
ペルー ……………………………… 160

ほ
ボイラー ………………………… 32, 54
保存 …………………………122-123
ホッパー(お手入れ) ……………… 31
ボディ …………………………… 44, 114
ボディ(触感) ……………………… 82
ボナヴィータ(ドリップポット) ……… 79
ボリビア ………………… 141, 159, 128
ボルヴィック …………………… 34, 78
ポルトガル ………………………16, 177
ホンジュラス ……………………… 165

ま
マキアート ………………………… 11, 74
マグ ……………………………… 36, 78
マダガスカル………………………… 155
マックスハベラー団体 …………… 17
豆を挽く …………………………… 20
マラゴジッペ ………………………138, 164
167, 170, 173

み
水 ……………… 32, 33, 34-35, 78
水出しアイスコーヒー ………107, 108

ミドル ………………………………… 46
南アメリカ ……………………… 119, 177
ミニガスバーナー／アルコールランプ
………………………………………… 92
ミネラルウォーター……………………… 34
ミュージレージ ……………132, 143, 144
ミルク …………………………… 68, 69
ミルク、コーヒーとラテアート ……… 68
ミルクの泡(フォーム) ………68, 69
ミルクを泡立てる(スチーミング) …… 68

む
ムンド・ノーボ ………138, 156, 161, 170

め
メイラード反応 ……………………114
メカニズム …………………………… 53
メキシコ …………………… 141, 169, 170

も
モカスプーン ……………………… 42
モカポット ……… 12, 21, 27, 100, 101
モンカルム …………………… 34, 78
モンスーンド・コーヒー ……………177
モンスーン・マラバール ……… 119, 177

ゆ
有機溶媒 ………………………… 128
湯温 … 42, 53, 54-55, 63, 80, 104
湯の通り …………………………… 62

よ
余韻 ………………………………… 46

ら
ラ・マルゾッコ …………………54, 55
ラテ ……………………………… 10, 12
ラテ・マキアート ……………………… 74
ラテアート …………………20, 51, 68-73
ラベルの読み方(パッケージ表示の読み方)
………………………………………… 120

り
リストレット …………………… 59, 61, 64
硫酸カルシウム ……………………33, 35
粒度 ………………………………… 29
流動床型焙煎機 ……………………113
リンゴ酸 ……………………………… 45
リン酸 ……………………………… 45

る
ル・プロコープ ……………………… 13
ルイジ・ベセラ……………………… 41
ルイ・ベルナール・ラボー…… 40, 100
ルイル ………………… 11, 139, 151
ルードヴィヒ・ロゼリウス ……… 128
ルメスダン ……………………… 138
ルワンダ ………………… 141, 143, 152
ルンゴ ………………………… 59, 61, 64

れ
レッドブルボン …………… 139, 152, 153
レバーピストン式マシン …………… 49
レユニオン島 ………… 141, 154, 168

ろ
ロースト(焙煎) ………… 20, 112-117
ロースト・プロファイル ……………116
ロート(水出しコーヒー) ……………… 108
ローリナ(ブルボン・ポワントゥ)
………………………………139, 155
ロゼッタ(リーフ) ……………………… 72
ロブスタ ………… 16, 17, 138, 139
ロングブラック ……………………… 59
ろ過水 ……………………………… 35

わ
ワールドコーヒーリサーチ ………… 127

付録 187

巻末目次

コーヒーを語る

あなたのコーヒー習慣は?	8
コーヒーの好みは人それぞれ	10
世界中で親しまれているコーヒー	12
どこでコーヒーを飲む?	14
コーヒーは何科の植物?	16
コーヒー豆の取引	17
コーヒーに関わる職業	18
コーヒー用語集	20
コーヒーは体に悪いのか?	22

コーヒーを淹れる

コーヒー豆を挽く	26
コーヒーミル(コーヒーグラインダー)	28
臼歯(刃)の種類	30
コーヒーミルのお手入れ	31
水!	32
化学の教室	33
水の選び方	34
コーヒーの淹れ方に合わせて、カップを選ぼう	36
エスプレッソカップ	37
エスプレッソコーヒー	39
ショートコーヒーの長い歴史	40
エスプレッソの味わい方	42-44
テイスティング	46
テイスティングノートの例	47
エスプレッソマシン	48
エスプレッソマシンを選ぶ	50
エスプレッソマシンのお手入れ	52

エスプレッソマシンのメカニズム	53
抽出湯温を一定に保つ方法	54
バリスタの所作	56
エスプレッソの濃度	58
エスプレッソコーヒーのスタイル	59
特別なエスプレッソに仕上げるための秘訣	60-63
エスプレッソコーヒーの分布図	64
エスプレッソコーヒーが不味い理由	66
ミルク、コーヒーとラテアート	68
ハート	70
チューリップ	71
ロゼッタ(リーフ)	72
カプチーノとその仲間たち	73
フィルターコーヒー(カフェ・フィルトル)	77
フィルターコーヒーに必要な道具	78
フィルターコーヒーの味わい方	80
テイスティングノート	83
コーヒーフィルター	84
コーヒープレス	86
エアロプレス	88
クレバーコーヒードリッパー	90
サイフォン	92
ハリオV60	94
ケメックス	96
カリタウェーブ	98
モカポット	100
コーヒーメーカー	102
特別なフィルターコーヒーに仕上げるための秘訣	104
アイスコーヒー	107
コールドブリュー	108
ジャパニーズ・アイスコーヒー	109

コーヒーを焙煎する

焙煎	112
生豆と焙煎	114
焙煎スタイル	116
ブレンドか、シングルオリジンか？	118
オリジナルブレンドを作ってみる	119
ラベルの読み方	120
スペシャルティコーヒーの買い方	121
コーヒー豆の保存方法	122
カッピング	124
フレーバーホイール（Flavor Wheel）	126
脱カフェイン処理	128

コーヒーを栽培する

コーヒーの栽培	132
コーヒーの木のライフサイクル	134
コーヒー栽培にまつわる雑学	136
コーヒーの品種	138
生豆の旬と鮮度	140
コーヒーの精製方式	142
その他の精製方式	144
精製方式：おさらい	145
生豆の脱穀、選別、梱包	146
コーヒー生産国	148
エチオピア	150
ケニア	151
ルワンダ	152
ブルンジ	153
レユニオン島	154

ブラジル	156
コロンビア	157
エクアドル	158
ボリビア	159
ペルー	160
コスタリカ	162
パナマ	163
グアテマラ	164
ホンジュラス	165
エルサルバドル	166
ニカラグア	167
メキシコ	170
ジャマイカ	171
ハワイ	172
インドネシア	174-175
インド	176

付録

おすすめのコーヒー店＆イベント	180
コーヒーショップのお菓子	182
索引	184

©Hachette Livre, Département Marabout, 2016
58, rue Jean Bleuzen
92178 Vanves Cedex

Tous droits réservés. Toute reproduction ou utilisation sous quelque forme
et par quelque moyen électronique, photocopie, enregistrement ou autre
que ce soit est strictement interdite sans l'autorisation écrite de l'éditeur.

Graphisme et illustrations : Yannis Varoutsikos, www.lacourtoisiecreative.com
Photographies : Chung-Leng Tran
Maquette : Les PAOistes
Relecture : Marion Pipart et Véronique Dussidour

Japanese translation rights arranged with Hachette-Livre, Paris
Through Tuttle-Mori Agency, Inc.,Tokyo

著者
セバスチャン・ラシヌー
エンジニア工学の教授で、バリスタ養成のトレーナーでもある。2011年にバリスタ養成団体であるEspressologie®を発足。2012年、パリの有名コーヒーショップ、「クチューム」が主催するバリスタ・トーナメントで優勝。2012年、2014年のフランス・ブルワーズ・カップで準優勝した。
好きなコーヒータイム：エチオピア産のナチュラルなコーヒーを楽しむ午前のひと時。

チュング‐レング トラン
フォトグラファーを目指していたが、コーヒーの魅力に目覚めてバリスタに転身。フランス・ブルワーズ・カップ2012のチャンピオン。
好きなコーヒータイム：朝はエチオピア産、ケニア産の豆で淹れたフィルターコーヒー。午後はエスプレッソコーヒー。

2015年、セバスチャンとチュング‐レンは、ステファン・カタルディ、ダヴィッド・ラオスと共同で、コーヒー豆の焙煎も行うコーヒーショップ、「Hexagone Café」（レグザゴヌ・カフェ）をパリにオープンした。

イラストレーター
ヤニス・ヴァルツィコス
アートディレクター、イラストレーター。フランスのMarabout（マラブー）出版社が出版した『Le vin c'est pas sorcier』(2013)〈日本語版『ワインは楽しい!』(小社刊)〉、「Le grand manuel du pâtissier」(2014)〈日本語版『美しいフランス菓子の教科書』(小社刊)〉、「Le rugby c'est pas sorcier」(2015)、「Le grand manuel du cuisinier」(2015)など、数多くの書籍のイラスト、デザインを手掛けている。
好きなコーヒータイム：祖母のアマンディーヌがケメックスで淹れる、ブルンジ産のコーヒーを味わう朝。

訳者
河 清美
広島県尾道市生まれ。東京外国語大学フランス語学科卒。翻訳家、ライター。訳書に『ワインは楽しい』、『美しいフランス菓子の教科書』(小社刊)、共著者に『フランAOCワイン事典』(三省堂)などがある。

コーヒーは楽しい！
2017年 5 月26日　初版第1刷発行
2017年12月 1 日　　第3刷発行

著者／セバスチャン・ラシヌー
　　　チュング‐レング・トラン
イラスト／ヤニス・ヴァルツィコス
訳者／河 清美
装丁・DTP／小松洋子
協力／原田真由美
校正／株式会社鴎来堂
日本語版編集／関田理恵

発行人：三芳寛要
発行元：株式会社パイ インターナショナル
〒170-0005 東京都豊島区南大塚2-32-4
TEL 03-3944-3981　FAX 03-5395-4830
sales@pie.co.jp

印刷・製本：株式会社シナノ

©2017 PIE International
ISBN978-4-7562-4832-9 C0077
Printed in Japan

本書の収録内容の無断転載・複写・複製等を禁じます。
ご注文、乱丁・落丁本の交換等に関するお問い合わせは、小社までご連絡ください。